JN274431

口絵1　伊勢湾沿岸で使用されているアサリ漁具

A：ジョレン（手動曳き・腰曳き）　松阪・伊勢地区の干潟漁場や潮下帯漁場で一般的に用いられる漁具．5m以上の弾力性に富んだポールを取り付け，船上から手動で海底を曳く．あるいは2m程度のポールを取り付け，干潟上で腰曳きを行う．幅30〜50cm．地方名：ナガエ（松阪・伊勢），シャックン（腰曳き用・松阪）．写真：伊勢市今一色．

B：ジョレン（モーター曳き）　伊勢地区の潮下帯漁場で用いられる漁具．漁場にレキが多い場合，手動でのジョレン曳きは困難なので，モーター（写真下）を用いて長柄ジョレンの先につけたロープを巻き上げる．小型の船外機船によるレキ底漁場の操業が可能となったが，乱獲も懸念される．写真：伊勢市村松．

C：ジョレン（曳き回し）　桑名地区の干潟漁場で用いられる漁具．船尾から頑丈な長柄ジョレンをおろし，広大な木曽三川漁場を曳き回す．幅50〜70cm．重量は100kgを超える．地方名：チャンチャン（桑名）．写真：桑名市赤須賀．

D：貝桁網（ワイヤー巻き）　伊勢・松阪・鈴鹿・桑名地区の干潟漁場（満潮時）や潮下帯漁場で使用される漁具．ワイヤーの巻き上げによって海底を曳く．幅100〜120cm．地方名：ミッション（松阪・伊勢），ツメ（鈴鹿），ウンテン（桑名），写真：松阪市猟師．

E：貝桁網の巻き上げワイヤー　長さ200m．巻き揚げ速度は毎秒1m程度．錨を投入しワイヤーを引き出した後，船首方向に2つの貝桁網を投入し，ワイヤーを巻き上げることで貝桁網を曳く．写真：松阪市猟師．

F：貝桁網（噴射ポンプ式）　鈴鹿地区の潮下帯漁場で用いられる漁具．船上のポンプから送った海水を貝桁の先端から噴射して二枚貝の漁獲効率を上げる．伊勢湾西岸では鈴鹿地区のみ操業が許可されている．写真：鈴鹿市白子．

口絵2　アサリ稚貝の生残を高めるための対策

覆砂／被覆網／竹柵／砂礫袋

口絵3　アサリ養殖場における貧酸素の影響を調査するために長崎県諫早市小長井町釜地区に設置した多項目水質計と観測槽

口絵4　無酸素時におけるアサリの状況（左，2004年8月11日17時頃，試験地よりやや沖側）と斃死後の養殖場の状況（右，8月16日）．溶存酸素が低下してしばらく経過すると一部のアサリは海底面に這い出し水管を延ばしていた．

水産学シリーズ

161

日本水産学会監修

アサリと流域圏環境
—伊勢湾・三河湾での事例を中心として—

生田和正・日向野純也
桑原久実・辻本哲郎 編

2009・3

恒星社厚生閣

まえがき

　アサリは，縄文時代の貝塚から多量にその貝殻が出土されるように，古来より日本人にとって極めて重要な食料である．かつてわが国では，1980年代まで年間11～16万tのアサリが生産されていた．しかし，その後急速に生産量が減少し，近年では3～4万t前後と低迷している．そのため，各地でアサリ資源の増殖のための様々な努力が講じられているものの，未だ資源回復には至っていない．また，国内生産量の減少分を補うため，海外からの輸入量が増加しており，それに伴うサキグロタマツメタガイなどアサリに対する害敵生物の移入も大きな問題となっている．このようなアサリ資源の現状を克服するため，平成15年水産庁を中心に（独）水産総合研究センターと都道府県の水産試験場などの専門家をメンバーとする「アサリ資源全国協議会」が設立され，全国でアサリ資源の増殖に向けた様々な取り組みがなされている．

　アサリが激減してしまった原因の1つとして，埋め立てや干拓などの海岸工事による生息や繁殖の場である干潟の減少や，水質汚濁などによる貧酸素水塊や赤潮の発生など，沿岸環境の悪化が考えられている．また，沿岸生態系の変化を引き起こしている要因として，ダム建設や河川改修などによる河川からの水や栄養塩，土砂，微量元素などの物質の供給量の変化も注目されている．このように，沿岸生態系の保全と沿岸資源の増殖を目指すためには，目的とする個々の生物生産の「場」のみに着目するのではなく，河川やその周辺の土地利用などを含めた流域圏全体の広域生態系の環境管理の視点が重要である．このような観点から，わが国の科学技術の推進方針を定めた科学技術基本計画の重点分野「環境分野」の分野別推進戦略の中に，人と自然環境の共生を目的として「水・物質循環と流域圏研究領域」および「生態系管理研究領域」が位置づけられ，森林・河川・沿岸をつなぐ流域圏生態系構造の科学的な解明と，その環境整備による生物多様性の保全と生物資源の持続的な利用のための技術開発に取り組むこととなった．しかし，個々の生態系を結ぶ水・物質のフローや生物学的な相互関係については，まだ解明しなくてはならない事項が多く残されている．

わが国のアサリの主要産地である伊勢湾・三河湾では，アサリの資源の回復を目指した漁場造成，底質改善，浚渫窪地修復などの様々な事業が取り組まれており，さらに，河川からの土砂・栄養塩類流出などの機構解明と制御による生態系サービスの回復など自然共生型環境管理技術を目指した土木工学や環境学と連携した学際的な研究が始動している．本書では，伊勢湾・三河湾のアサリ資源とそれを取り巻く生態系を事例として，その現状と漁場環境改善のための取り組み，アサリの初期生活史の解明とそれに適応した漁場環境づくり，貧酸素水塊の問題とアサリへの影響，アサリ生息環境の改善を目指した流域圏環境管理手法の開発について，最新の研究成果を水産学，環境学，土木工学などの複合的な視点からとりまとめた．なお，6，8，9，10章には科学技術振興調整費「伊勢湾流域圏の自然共生型環境管理技術開発」の研究成果の一部が記述されている．

　アサリは健全な沿岸環境を象徴する鍵種として，水産分野のみならず沿岸環境に関わる多くの研究者，行政担当者，漁業団体，市民団体などから大きく注目されている．本書が，アサリ資源回復や沿岸環境修復に携わる研究者や行政担当者への情報提供や新たな沿岸漁場環境管理方策の策定への一助となれば幸いである．

　　　平成 21 年 3 月

生田　和正
日向野純也
桑原　久実
辻本　哲郎

アサリと流域圏環境−伊勢湾・三河湾での事例を中心として− 目次

まえがき………………………(生田和正・日向野純也・桑原久実・辻本哲郎)

I．伊勢・三河湾のアサリ漁業と資源
1章 伊勢湾のアサリ資源と漁場環境
……………………………………(水野知巳・丸山拓也)………9
§1．伊勢湾の漁場環境(10) §2．漁業の変遷と概要(14)
§3．漁場改善の試み—漁業者による生態系管理(21)
§4．伊勢湾のアサリ資源の回復に向けて(22)

2章 三河湾のアサリ資源の現状と課題
……………………………………(岡本俊治)………26
§1．漁業の動向(26) §2．アサリ資源の変動要因と課題(30)

II．初期生活史へのアプローチ
3章 幼生加入過程：アサリ資源研究の新しい視点
……………………………………(関口秀夫)………36
§1．アジアおよび本邦におけるアサリの地理分布と遺伝学的構造(36) §2．本邦におけるアサリ漁獲量の経年変動とその駆動要因(39) §3．アサリ浮遊幼生の輸送・分散と回帰(45) §4．アサリ浮遊幼生の着底・定着・加入(50)
§5．幼生加入過程と資源変動：アサリと他の二枚貝の比較(52)

4章 底質の安定性からみた好適アサリ生息場環境
……………………………………(桑原久実)………61
§1．わが国におけるアサリの生産量(61) §2．アサリ

稚貝の生残率を高める対策の現状(63) §3. アサリ稚貝の移動評価(63) §4. 本手法の妥当性(66) §5. アサリ稚貝の定着促進方法の考え方(68) §6. 今後の課題(68)

Ⅲ. 貧酸素水塊が与える影響とその対策
5章 三河湾における貧酸素水塊形成過程の数値解析
·················(中田喜三郎・山本祐也)········71
§1. 三河湾の貧酸素水塊の形成過程モデル(72) §2. モデルの計算結果(80) §3. 貧酸素水塊形成の原因(85)

6章 アサリの代謝生理からみた貧酸素の影響とその対策
···············(日向野純也・品川 明)········87
§1. アサリの嫌気代謝と貧酸素耐性(87) §2. アサリに対する硫化水素の影響(92) §3. 現地で観測された貧酸素とアサリの死亡事例(94) §4. 貧酸素対策の考え方(97)

Ⅳ. 流域圏環境管理によるアサリ生息環境の改善
7章 河川負荷の変動が沿岸海域環境に及ぼす影響
·················(児玉真史・小松幸生・田中勝久)······101
§1. 川から海への栄養塩負荷の実態(102) §2. 河川流量の制御による漁場環境改善の可能性(108)

8章 河口部における二枚貝の生息環境とその保全
·················(天野邦彦)······115
§1. 豊川の概要と現況調査(116) §2. 地形特性と底質特性(117) §3. 塩分および溶存酸素濃度変化特性(119) §4. 貝類分布(119) §5. 環境保全に向けて(124)

9章 海域生態系への陸域系環境負荷とその緩和技術
　　　　　　　　……………(野原精一・井上智美・広木幹也) …… *127*
　§1. 伊勢湾の富栄養化の現状(*129*)　§2. 流域圏環境
管理の基本的考え方(*131*)　§3. 干潟・湿地生態系の
現状とその機能(*132*)　§4. 陸域生態系の環境負荷と緩和
技術(*140*)

10章 河川の物質動態, 生物生産機構および
　　　自然共生型流域圏管理
　　　　　　　　……………………………(戸田祐嗣・辻本哲郎) …… *144*
　§1. 河川の水・物質動態と生物生産機構(*145*)
　§2. 自然共生型流域圏環境管理技術開発について(*156*)

Asari Clams and River Basin Environment
- mainly focusing on the case of Ise Bay and Mikawa Bay -

Edited by Kazumasa Ikuta, Junya Higano, Hisami Kuwahara and Tetsuro Tsujimoto

Preface

I. Asari clam fishery and stock in Ise Bay and Mikawa Bay
   1. Asari clam stock and the fishing ground environment in Ise Bay
                                    Tomomi Mizuno and Takuya Maruyama
   2. Present status and critical issues of the fishery and the stock of Asari clam in Mikawa Bay   Shunji Okamoto

II. New approaches to early stage of Asari clam
   3. A new look of population studies for Asari clam: larval recruitment
                                                Hideo Sekiguchi
   4. Evaluation of suitable habitat for juvenile of Asari clam by stability of bottom sediment   Hisami Kuwahara

III. Influence of hypoxia for Asari clam and the approach to the problems
   5. Numerical simulation of the hypoxia formation in Mikawa Bay
                                      Kisaburo Nakata and Yuya Yamamoto
   6. Influence of hypoxia in relation to metabolic physiology of Asari clam and the approach to the problems   Junya Higano and Akira Shinagawa

IV. Improvement of the habitat of Asari clam through eco-compatible river basin management
   7. Impact of river load variations on the coastal environment
                                    Masashi Kodama, Yukio Komatsu and Katsuhisa Tanaka
   8. Habitat condition of bivalves at estuary and its conservation
                                                Kunihiko Amano
   9. Environmental burdens from terrestrial ecosystem to coastal ecosystem and the mitigation technology
                                      Seiichi Nohara, Tomomi Inoue and Mikiya Hiroki
   10. Material transport and primary production in rivers and eco-compatible river basin management
                                        Yuji Toda and Tetsuro Tsujimoto

I. 伊勢・三河湾のアサリ漁業と資源

1章　伊勢湾のアサリ資源と漁場環境

水野知巳[*1]・丸山拓也[*2]

　伊勢・三河湾は日本の中央に位置し，海岸線延長660 km，水域面積2,342 km^2（伊勢湾：1,738 km^2，三河湾：604 km^2）の規模をもつ日本最大の内湾である[1]．農林水産省の漁業養殖業生産統計年報[2]に基づくアサリの海域別漁獲量（図4・1）によると，東京湾の漁獲量は1950～1960年代に6万t前後で推移しているが1970年代初頭には急減し，有明海の漁獲量は1970年代半ばから急増し7万t前後で推移するが瀬戸内海と同様に1980年代半ばに急減している．一方，伊勢・三河湾の漁獲量は，1960年代から2万t前後で安定的に推移し1990年代に入っても漁獲量が減少せず，日本のアサリ漁獲量の半分を占めるようになる．三河湾の漁獲量はその後も安定しているのに対して，伊勢湾の漁獲量は1990年代後半には減少傾向がみられ，2000年以降は年間3,000 tと最盛期の20%に落ち込んでいる（図1・1）．

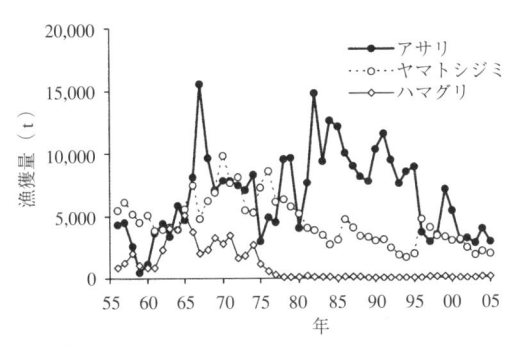

図1・1　伊勢湾の二枚貝種別漁獲量の推移

[*1] 三重県水産研究所鈴鹿水産研究室
[*2] 三重県水産研究所

かつての伊勢湾では多種多様な漁業が営まれていたが，クロノリ養殖，刺網，底曳網，船曳網が衰退して漁業者は年々アサリなどの二枚貝類資源への依存を高めており，漁獲量の減少はとくに伊勢湾南部の漁家経営に深刻な事態をもたらしている．本章では，伊勢湾のアサリの漁獲の大半を占める西岸（三重県側）の漁場環境や漁場行使の推移と現況を整理するとともに，漁業者による漁場改善の試みを示す．

§1. 伊勢湾の漁場環境
1・1 浅海域・干潟と藻場の現状と変遷

図1・2に1955年と2000年の干潟・浅海域の変遷を示す．1955年から1975年までの20年間に，伊勢湾では名古屋・四日市の両港湾区域を中心に年間200～400 haの割合で合計6,000 ha余りの干潟と浅海域が埋め立てられ，湾奥部の現在の海岸線は概ねこの時期に完成した[3]．1990年以降になると四日市南部，東海市地先および常滑沖（中部国際空港）など，湾央部へ埋め立て区域の拡大がみられる．ただし，伊勢湾のアサリ漁獲量の減少が1990年代後半以降であることや，アサリ漁業の中心となっている松阪地区から伊勢地区での埋め立ては少なく，漁場となる海岸（水深5 m以浅の潮下帯）や河口域干潟が保全されていることから，東京湾で指摘されているような[4]埋め立て面積の増大とアサリ漁獲量の減少の対応はみられない．

伊勢湾のアマモ場は1955年頃には湾奥部から湾口部にかけて湾を取り巻くように分布したが（図1・2）[5]，1970年には松阪市以南と知多半島中部に点状にみられる程度に激減し，2000年の調査でも分布面積は35 haと最盛期の1％未満に過ぎない[3]．1960年代にアサリ漁獲量が急増しており，沿岸域で頻繁に貝桁網が曳かれることによって藻場が減少した可能性も指摘されている[6]．

1・2 水質の現況と変遷

伊勢湾では1970年代初めから三重県水産研究所による鈴鹿市白子港の毎日の定点観測と，月1回の調査船を用いた湾全域の浅海定線観測が行われている[7]．2001～2007年の観測値の月別平均値を図1・3に，観測値の3年移動平均の経年変化を図1・4に示す．なお，浅海定線観測は測点数が14～22と変化しているため[7]，本章では14測点の平均観測値を使用している．

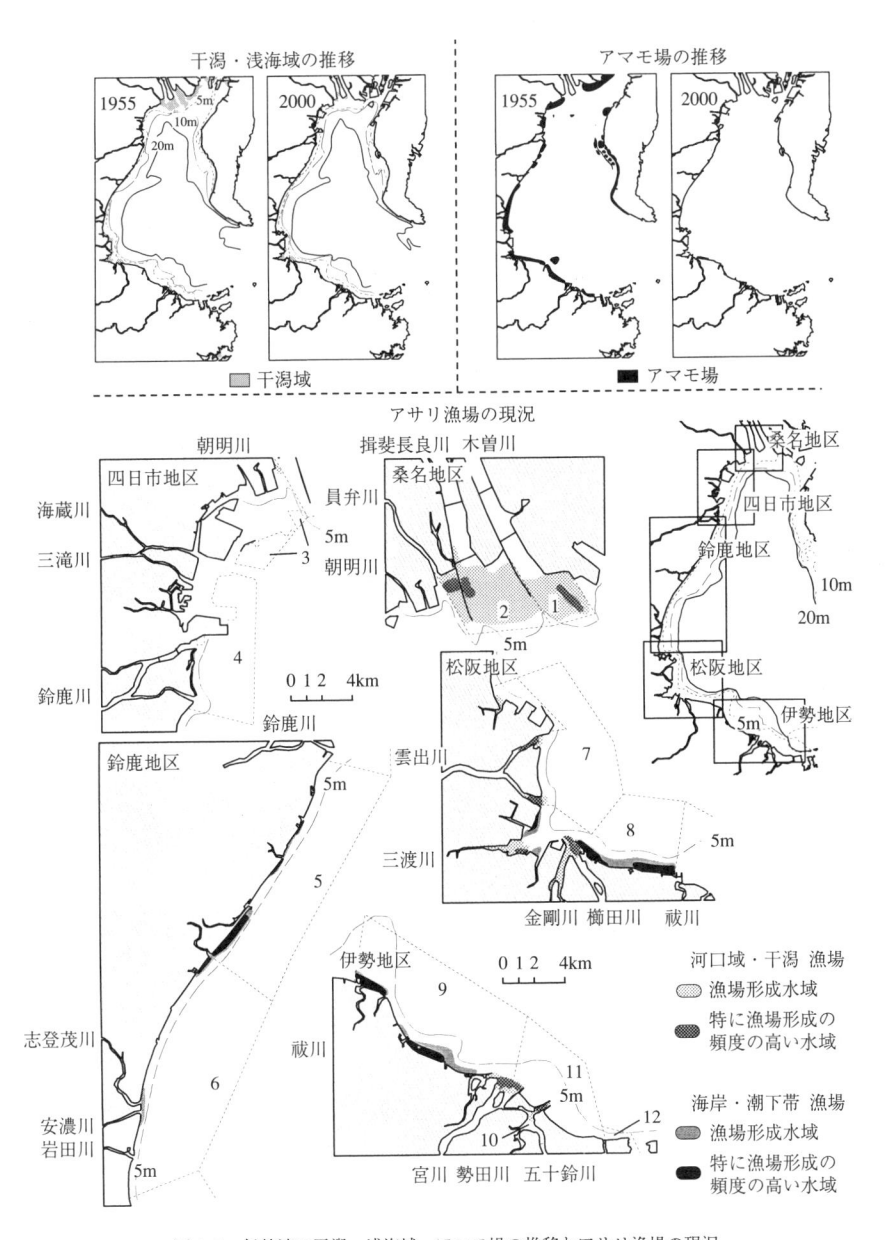

図 1・2　伊勢湾の干潟・浅海域，アマモ場の推移とアサリ漁場の現況

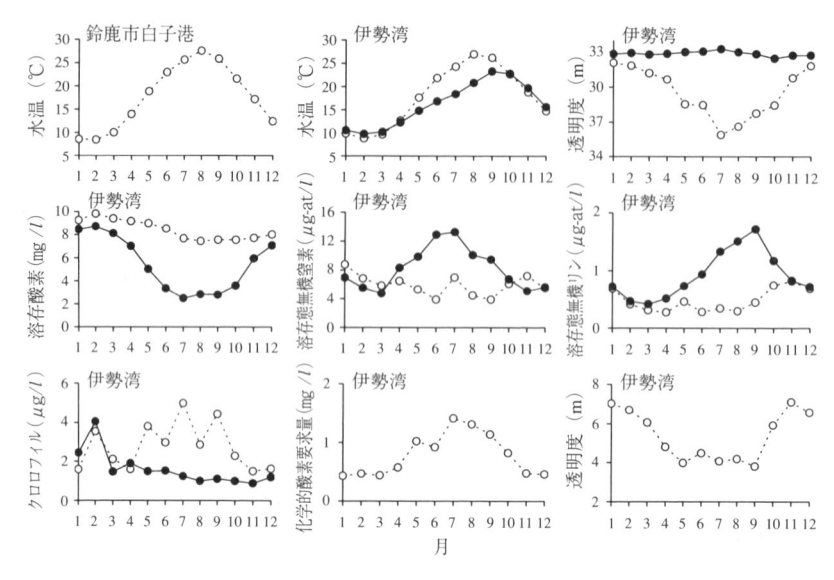

図1・3　伊勢湾の水質の季節変動
2001～2007年の月別観測値の平均値．白丸は表層，黒丸は底層を示す．

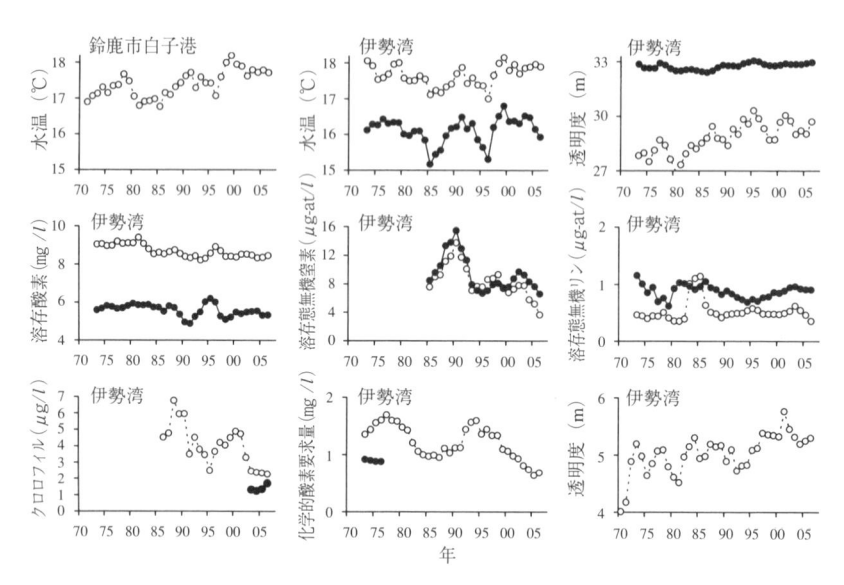

図1・4　伊勢湾の水質の3年間移動平均値の経年変化
白丸は表層，黒丸は底層を示す．

以下に詳述するが，水温，塩分，透明度は上昇傾向に，溶存酸素，化学的酸素要求量（COD），溶存態無機窒素（DIN），溶存態無機リン（DIP），クロロフィルは減少傾向にある．また，当年の漁獲量との相関を有する水質項目は底層塩分（r＝−0.50，p＝0.012），翌年の漁獲量との相関を有する水質項目は表層塩分（r＝−0.45，p＝0.025）と底層塩分（r＝−0.53，p＝0.007），翌々年の漁獲量との相関を有する水質項目は表層塩分（r＝−0.61，p＝0.001）・底層塩分（r＝−0.53，p＝0.002）・表層クロロフィル（r＝0.48，p＝0.037）・底層DIN（r＝0.54，p＝0.013）であった．

なお，伊勢湾流入河川の河川流量は，1980年代には540t/秒，1990年代には528t/秒，2000年代には508t/秒と減少傾向にあり[8]，伊勢湾周辺の発生負荷量は1979年にはCOD307t/日，窒素含有量188t/日，リン含有量24.4t/日であったが，水質汚濁防止法による第6次総量規制によって，2009年にはCOD167t/日，窒素含有量123t/日，リン含有量9.6t/日と約半量に削減される見込みである[9]．アサリ漁獲量の多い1980年代（1981～1990年，平均10,399t）と漁獲量が減少した2000年代（2001～2007年，平均3,208t）に分けて水質について述べる．

1) 水温　鈴鹿市白子港における2000年代の表層水温の年平均は17.8℃で，2月に最低8.5℃，8月に最高27.6℃となり，1980年代と比較して表層水温の年平均は0.7℃上昇している．伊勢湾観測における表層水温の年平均は17.9℃で，2月に最低8.9℃，8月に最高27.0℃となり，底層水温の年平均は16.3℃で，2月に最低9.8℃，8月に最高23.3℃となる．上昇傾向がみられ1980年代と比較して2000年代の表層水温の年平均は0.5℃，底層水温の年平均は0.4℃上昇している．

2) 塩分　伊勢湾観測における2000年代の表層塩分の年平均は29.5 psuで，7月に最低25.9 psu，1月に最高32.1 psuとなる．底層塩分の年平均は32.9 psuで，1年を通じて変動は少ない．上昇傾向がみられ，1980年代と比較して2000年代の表層塩分の年平均は1.0 psu，底層塩分の年平均は0.3 psu上昇している．

3) 溶存酸素（DO）　伊勢湾観測における2000年代の表層DOの年平均は8.44 mg/lで，8月に最低7.46 mg/lとなり，2月に最高9.82 mg/lとなる．底層DO

の年平均は5.46 mg/l で，7月から9月まで3 mg/l 未満となり7月に最低2.48 mg/l, 2月に最高8.72 mg/l となる．低下傾向がみられ1980年代と比較して2000年代の表層DOの年平均は0.28 mg/l, 底層DOの年平均は0.21 mg/l 低下している．

4) 溶存態無機窒素（DIN） 伊勢湾観測における2000年代の表層DINの年平均は5.93μg-a t./l で，6月に最低3.91μg-a t./l, 1月に最高8.76μg-a t./l となる．底層DINの年平均は8.21μg-a t./l で，3月に最低4.76μg-a t./l, 7月に最高13.28μg-a t./l となる．低下傾向がみられ1980年代と比較して2000年代の表層DINの年平均は4.18μg-a t./l, 底層DINの年平均は3.48μg-a t./l 低下している．

5) 溶存態無機リン（DIP） 伊勢湾観測における2000年代の表層DIPの年平均は0.48μg-a t./l で，4月に最低0.27μg-a t./l, 11月に最高0.82μg-a t./l となる．底層DIPの年平均は0.92μg-a t./l で3月に最低0.42μg-a t./l, 9月に最高1.72μg-a t./l となる．1980年代と比較して2000年代の表層DIPの年平均は0.15μg-a t./l, 底層DIPの年平均は0.03μg-a t./l 低下している．

6) クロロフィル 伊勢湾観測における2000年代の表層クロロフィルの年平均は2.78μg/l で，11月に最低1.50μg/l, 7月に最高4.99μg/l となる．底層クロロフィルの年平均は1.61μg/l で，11月に最低0.88μg/l, 2月に最高4.05μg/l となる．低下傾向がみられ1980年代と比べて2000年代の表層クロロフィルの年平均は2.67μg/l 低下している．

7) 化学的酸素要求量（COD） 伊勢湾観測における2000年代の表層CODの年平均は0.79 mg/l で，1月に最低0.43 mg/l, 7月に最高1.42 mg/l となる．低下傾向がみられ，1980年代と比べて2000年代の表層CODの年平均は0.29 mg/l 低下している．

8) 透明度 伊勢湾観測における2000年代の透明度の年平均は5.40 mで，9月に最低3.81 m, 11月に最高7.10 mとなる．上昇傾向がみられ，1980年代と比較して2000年代の透明度の年平均は0.35 m 上昇している．

§2. 漁業の変遷と概要

伊勢湾西岸の沿岸域には，現在12の共同漁業権漁場が設定されている．漁業者への漁場形成箇所の聞き取りから漁場図を作成し（図1・2），東海農政局の三

重県漁業地区別統計表[10]から，漁協別のアサリ漁獲量，経営体数（採貝，小型底曳き網を主たる漁業する経営体）を，地区別（桑名，四日市，鈴鹿，松阪，伊勢），漁場別（河口域干潟，海岸潮下帯）に集計した（図1・5）．

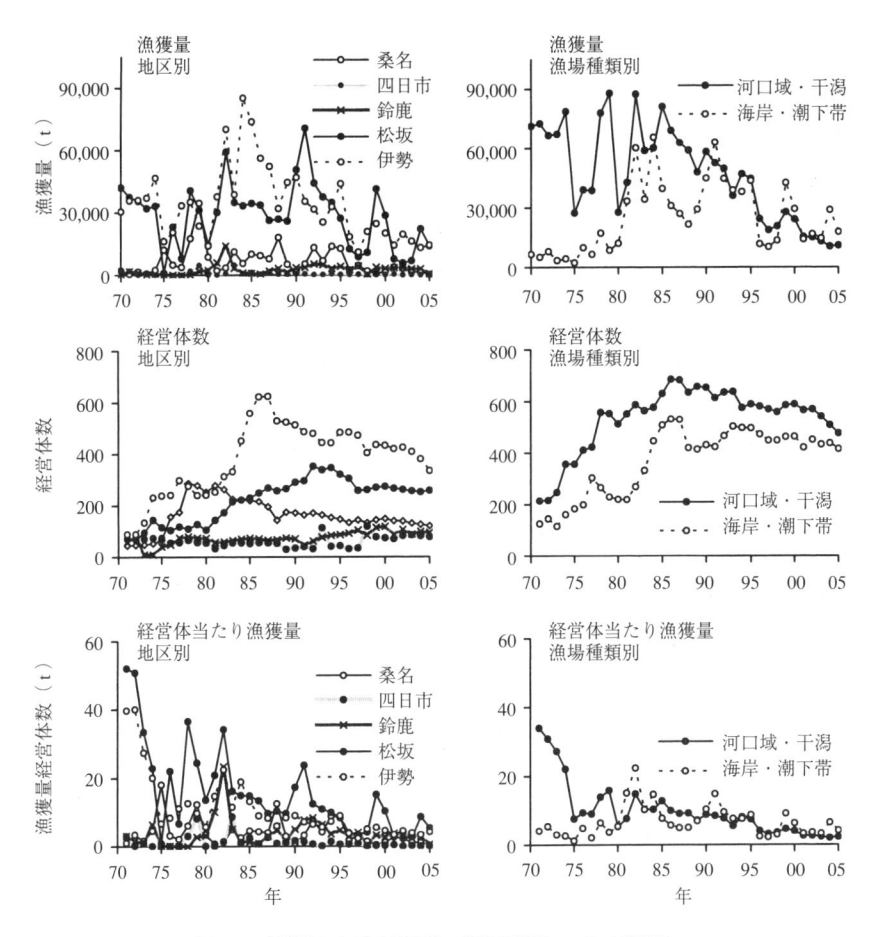

図1・5　伊勢湾における地区別・漁場種類別のアサリ漁獲量，
　　　　採貝漁業経営体数，経営体数当たり漁獲量の推移

2・1　二枚貝類漁業

伊勢湾のアサリ，ヤマトシジミ，ハマグリの年間漁獲量を図1・1に示す．ハマグリは桑名地区の木曽三川河口域が主漁場でその漁獲量は1960年代には3,000t

前後であったが，河口干潟の多くが消失した1970年代に急減した．ヤマトシジミも木曽三川下流域が主漁場でその漁獲量は5,000t前後で安定していたが，ハマグリ資源の減少に伴い1970年代から漁獲努力が増えて，漁獲量は8,000t前後になった．ヤマトシジミの漁獲量は1980年代以降減少傾向にあったが2000年代には3,000t前後と安定している．

2·2 アサリ漁業

アサリは1960年代から漁獲量が急増し，1967年に15,500tの最初の豊漁期を迎える（図1·1）．

1950年代の漁獲量が統計上少ないのは，統計調査自体の不備や漁協を経由しない流通があったことも考えられるが，伊勢湾沿岸ではこの時期に刺網，地曳網，打たせ網など干潟や浅海域を巧みに利用した多種多様な漁業が営まれており[11,12]，アサリへの漁獲圧力自体が低かったとも考えられる．1960年代以降は湾奥を中心に干潟や浅海域が減少し，伊勢湾西岸のアマモ場もほぼ消失し，1970年以降になると多種多様な漁業は二枚貝類漁業，ノリ養殖業，浮き魚漁業に集約されていく．

図1·1，図1·5に示すように，1980年代になると松阪・伊勢地区を中心に2回目の豊漁期を迎えるが，1980年頃までは，河口域・干潟漁場由来のアサリが大半を占めていたことがわかる．河口域・干潟漁場の漁獲量は，1985年頃から減少傾向を示している一方，経営体数は1970年から1985年頃にかけて急増し高止まりしている．経営体当たり漁獲量は1970年代に急減しており，この指標がアサリの資源量と対応すると仮定すると，河口域・干潟漁場の資源の減少は1970年代に端を発していたことになる．1980年代になると，海岸・潮下帯の漁獲量が急増するが，同時期に経営体数も急増し，経営体当たり漁獲量も増加していることから新規参入者が未利用漁場を開発したことが示唆される．

2·3 アサリの生活史と漁業

伊勢湾のアサリ主要漁場である伊勢地区の勢田川河口域において（図1·6），2003年5月から2007年3月まで，伊勢湾のアサリの生活史を把握するため，成長段階別の密度変動を調査した．勢田川と五十鈴川との間に形成された上流側の干潟を「一色前干潟」，現在主漁場である防波堤内部に形成された下流側の干潟を「川口干潟」，大湊防波堤より北側の海岸を「大湊海岸」とした（図

1･6)．アサリは，成長段階に応じて，浮遊幼生，稚貝（殻長 0.3～1.0 mm），稚貝～漁獲個体（殻長 5 mm～）に分類した．3 つの干潟のアサリの成長段階別の密度変動を概説する．

さらに，伊勢湾と三河湾のアサリ主要漁場で発生した浮遊幼生の輸送経路を推定するため，鈴木ら[13]および石田ら[14]に従い浮遊幼生の塩分応答を考慮した浮遊幼生の流動シミュレーションを行った．解析に使用した流動モデルは海岸線・海底の実地形，潮汐・風・河川流量などの気象状況をパラメータとした鉛直多層方式（10 層）モデルで，計算期間は 2003 年 9 月 20 日 0 時～10 月 30 日 24 時とし，伊勢湾観測の水温と塩分の実測値とその観測点付近のモデルによるそれらの予測値の対応を調べた結果，水温・塩分とも高い相関が得られた（相関係数はともに 0.81）．

1）**浮遊幼生** 勢田川河口域では 5 月前後と 10 月前後に浮遊幼生が出現することが多く，それぞれ春産卵と秋産卵に対応する発生群と考えられた（図 1･7）．大湊海岸では 200 個体/m^3 を超える浮遊幼生密度が数回観測されたが，アサリの主漁場となっている川口干潟では最高 100 個体/m^3 程度の浮遊幼生密度であった．勢田川河口域の浮遊幼生密度は，アサリの生産力の高い三河湾の密度（数千～数十万個体/m^3）と比較すると，非常に少ない[15, 16]．

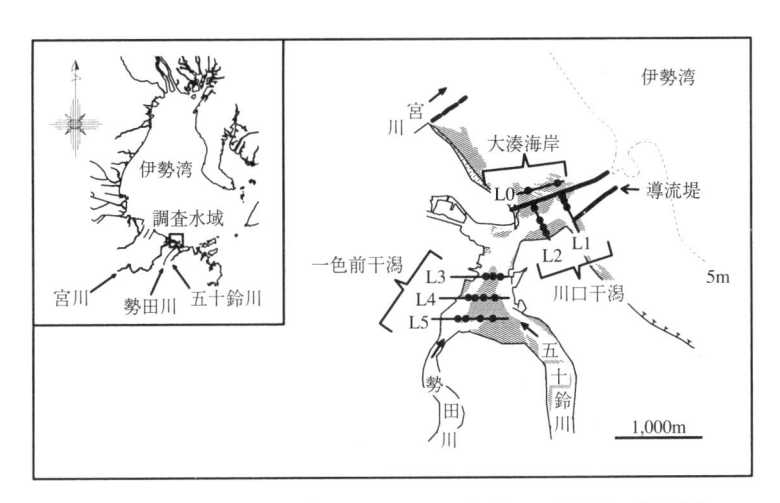

図 1･6　勢田・五十鈴川河口域におけるアサリの成長段階別密度調査の調査地点

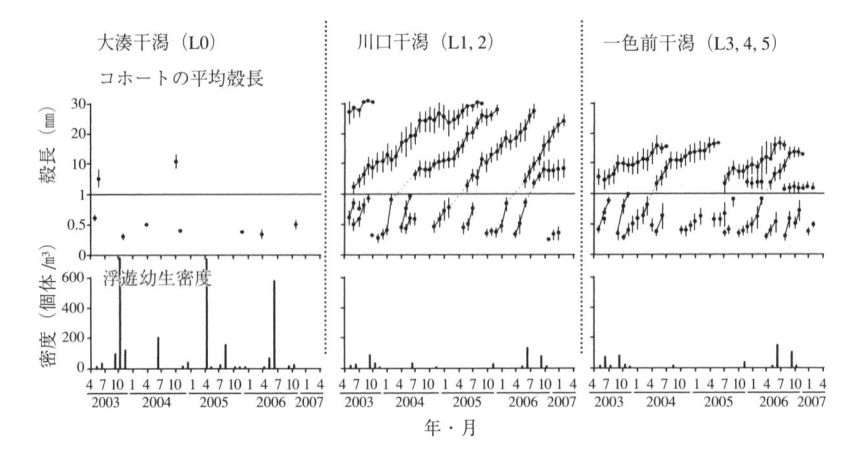

図 1·7 勢田・五十鈴川の河口域におけるアサリの浮遊幼生密度の季節変動とアサリのコホート別平均殻長と密度の推移（水野，未発表）

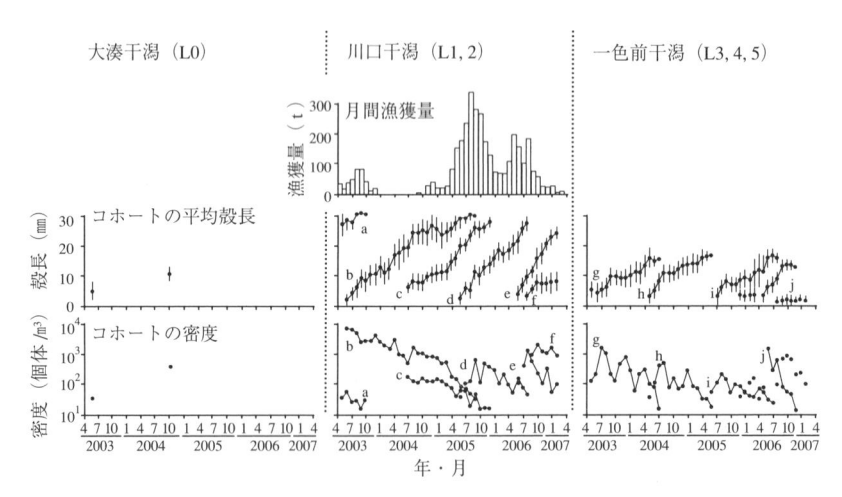

図 1·8 勢田・五十鈴川の河口域におけるアサリのコホート別平均殻長と密度の推移とアサリ月間漁獲量の推移（水野，未発表）

2) 着底稚貝～稚貝（殻長 0.3～1 mm）　下流側の川口干潟，上流側の一色前干潟とも，春季，秋季の浮遊幼生発生群に対応する着底稚貝がみられた一方で，浮遊幼生密度が高かった大湊海岸では，着底稚貝は全くみられなかった（図 1·7）．このことは，浮遊幼生密度と着底量が必ずしも一致しないことを示唆する．川

口干潟・一色前干潟では，平均殻長1mm以上まで生残するコホートは秋季に発生し着底したコホートが多かった．

3) 稚貝～漁獲個体（殻長1mm～）　上流側の一色前干潟では，全てのコホートが殻長15mmに達するまでに密度が急減したが，下流側の川口干潟では着底から殻長20mmの漁獲サイズに至るまで4つのコホートが生残した（図1·8）．2003年の春季から始まっているコホートは平均殻長が20mmに達する2004年の春季から月間漁獲量も上昇し，死亡率は3倍となり密度の減少が顕著となった．この後も加入する度に月間漁獲量が増え，コホートが短期間に消失するパターンが続き，漁獲が大きな減耗要因となっていることが示唆された．

4) 浮遊幼生の回遊経路とネットワーク　浮遊幼生の初期配置と14日後の到達予測水域を図1·9に示す．伊勢湾の桑名地区では，平水時には木曽三川河口から知多半島沿岸が，出水時には知多半島沿岸から伊勢湾口が浮遊幼生の到達水域と推定された．鈴鹿地区では，平水時には鈴鹿沖沿岸が，出水時には鈴鹿川河口域～津沿岸域が到達水域と予測された．松阪地区では，平水時には櫛田川河口域～宮川河口域が，出水時には櫛田川河口域～伊勢湾口が到達水域と予測された．伊勢地区では，平水時には宮川河口域～鳥羽沿岸が，出水時には宮川河口域～的矢湾付近が到達水域と予測された．三河湾由来の浮遊幼生は，三河湾内部と伊勢湾口から伊勢湾東岸が到達水域と予測された．

これらのことから，アサリ漁場が形成されている海域は，その海域自身が浮遊幼生の到達先となっていることや，松阪地区が伊勢湾南部の浮遊幼生の供給源である可能性が示唆されるとともに，河川水量の変動によって到達範囲も変動することが推察された．

2·4　漁場行使の現状

伊勢湾の採貝漁具を口絵1に示す．各地区での操業形態や漁獲規制など漁場行使状況を概説する．

1) 桑名地区　貝桁網のワイヤー曳きや曳き回しジョレンによって周年操業が行われている．木曽三川の河口域・干潟が漁場で漁業者は専業者主体である．操業は週2～3日で，アサリは高級種のハマグリと混獲され，両種を合計した漁獲量は30kg/日に，操業時間は3時間に制限され，人工干潟（40ha）を含む保護区もある．漁獲制限が厳しく漁獲圧力がヤマトシジミにも分散することから，ア

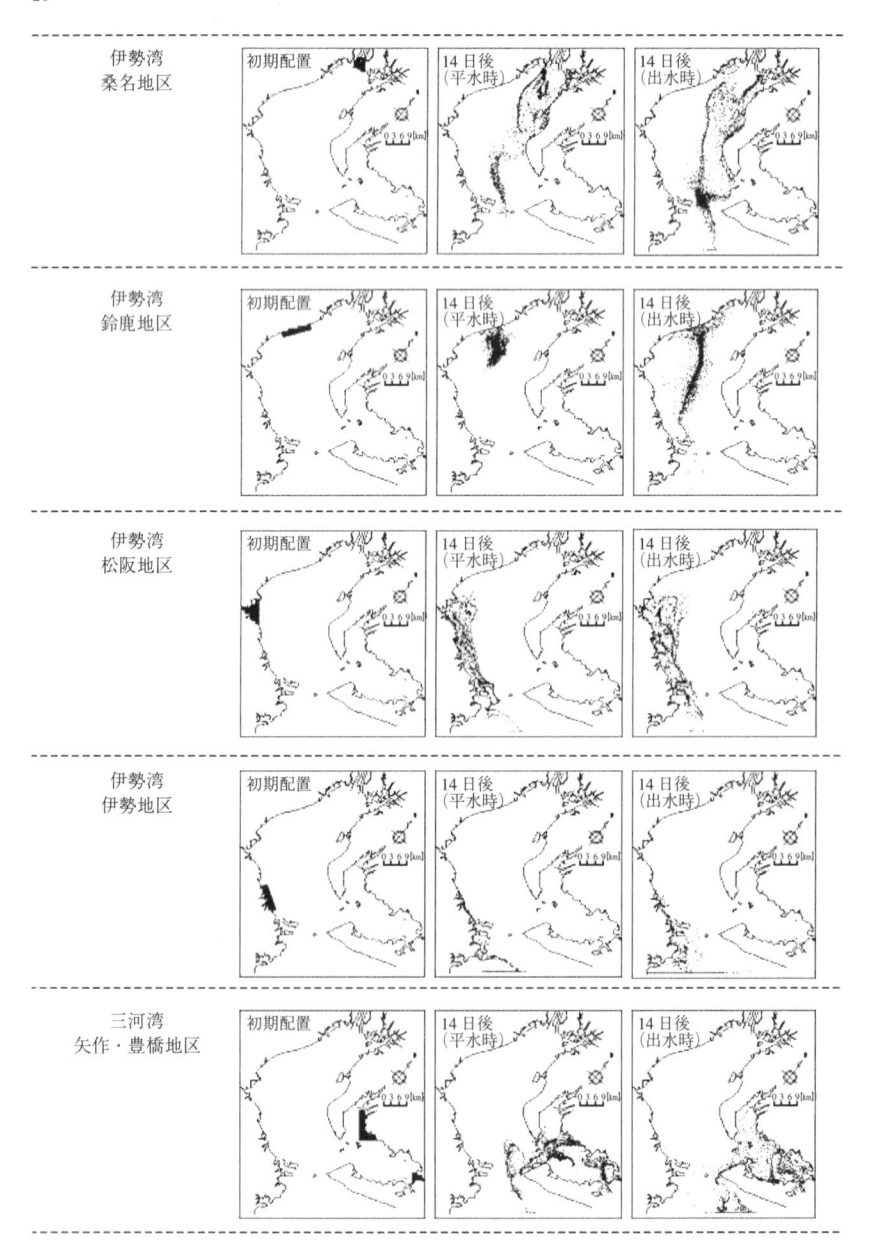

図1・9 アサリ浮遊幼生の初期配置と浮遊幼生流動シミュレーションによる14日後の到達予想水域(水野,未発表)

サリ資源は良好な状態で維持されている．

　2）**四日市地区**　1970年頃までにコンビナート建設に伴い干潟域や浅海域漁場をほぼ消失しているため，アサリの漁獲量は少ない．兼業者が多い．員弁川河口や四日市楠沖に小規模な漁場が形成されることもある．

　3）**鈴鹿地区**　1970年代に噴射式ポンプ桁が導入されて以後，アサリを対象とした本格的な操業が始まった．鈴鹿市白子地先の海岸（距岸300mまでの潮下帯）が主漁場で漁業者は専業者主体である．ノリ養殖や浮魚船曳など複合的な漁場利用が行われ，採貝漁業の操業期間は春季の3ヶ月に限られるため，アサリ資源が比較的良好な状態で維持されている．操業は週4日，漁獲量制限は60 kg/日で，操業時間は4時間である．

　4）**松阪地区**　長柄と腰曳きジョレンによって雲出川〜櫛田川の河口域（干潟）漁場では周年操業が行われる．貝桁網のワイヤー曳きは春季から夏季にかけて松名瀬海岸以南の距岸500mまでの潮下帯で操業される．漁業者は専業者と兼業者が混在する．操業は週5日で漁獲量制限はなく，3時間の操業時間制限で漁獲量を制限している．クロノリ養殖や刺網などの他の漁業が衰退しアサリへの漁獲圧力が高い．

　5）**伊勢地区**　長柄と腰曳きジョレンによって宮川〜五十鈴川の河口域（干潟）漁場では周年操業が行われる．宮川より北部の海岸（距岸500mまでの潮下帯）漁場では，海底にレキが多く手動曳きが困難なためモーターを用いてジョレンを巻き上げる．貝桁網のワイヤー曳きは大淀海岸などの潮下帯漁場で操業している．漁業者は専業者と兼業者が混在する．操業は週5〜6日，漁獲量制限は30〜60 kg/日で，操業時間制限は3〜6時間である．船曳網やクロノリ養殖など他の漁業が衰退しアサリへの漁獲圧力が高い．

§3. 漁場改善の試み—漁業者による生態系管理

3・1　ノリ網敷設による漁場改善

　伊勢地区の勢田川河口干潟（地盤高約20 cm）において，2007年10月13日から2008年2月8日の期間，ノリ網（20 m×2 m）計48枚を海岸方向8列（幅16 m），沖合方向6列（幅120 m）に水平張りし，アサリ着底稚貝の密度をノリ網の周囲に設けた対照区と比較した結果，試験区は対照区よりも200倍程度高

い約 18,000 個体／m² の着底稚貝密度を示した[17]．ノリ養殖は秋季から春季まで 6 ヶ月間アサリ漁場となる干潟で行われることから，養殖区域が自動的に禁漁区域となり，漁業者吸収によってアサリへの漁獲圧を低下させる機能も期待できる．流速変化などの物理的な情報と整合して，効果をさらに検証する必要がある．

3・2 ツメタガイの持ち帰りによる食害の抑制

ツメタガイは肉食性の巻き貝で，伊勢湾西岸では最大 3 割程度の自然減耗要因となる[17]．松阪地区の潮下帯漁場において，2006 年 4〜9 月まで，ワイヤー曳き貝桁網の漁操業時に混獲されたツメタガイの持ち帰りを漁業者が実施した．標本船によるツメタガイ捕獲個体数を集計した結果，9 月の終漁時には 4 月の漁獲開始時の 8 割以上のツメタガイを取り除くことができた[17]．

3・3 ホトトギスガイマットの桁曳きによる抑制

イガイ科に属するホトトギスガイは時折大発生することが知られている[18,19]．ホトトギスガイは足糸を個体間で複雑に絡ませ，海底面上にマット状の個体群（以下，ホトトギスマット）を形成し，操業を妨害したり，底質を泥化させることがあり，三重県の漁業者からは「ふとん」や「がま」など呼ばれ迷惑生物として認識されている．2006 年 8 月に松阪地区の潮下帯漁場においてホトトギスマットが広範囲に発生したため，貝桁を用いて，70m × 100 m の区画で耕運を行った結果，ホトトギスマットの平均厚が非耕運区の 60％である 10 mm に低下し，10 ヶ月間効果が持続した[17]．

§4. 伊勢湾のアサリ資源の回復に向けて

本章では，伊勢湾の漁場環境とアサリ漁業についてまとめてきたが，アサリ資源の減少要因として，とくに伊勢湾南部での過剰な漁獲，貧酸素水塊による潮下帯漁場での大量斃死，漁場の生態系管理の不徹底（無秩序な稚貝放流，放流後の観察不足，不十分な食害生物と競合生物対策）が疑われる．これらの問題を克服しアサリ資源の復活を達成するためには，以下の対策を検討する必要がある．

4・1 アサリの資源動向の把握

アサリ資源は漁獲圧力の低い桑名地区や鈴鹿地区では安定しているが，漁獲圧力の高い伊勢湾南部の松阪地区と伊勢地区で減少傾向が著しい．2・3 で述べたように，アサリが漁獲サイズまで成長した直後に死亡率が数倍に増加しており，

漁獲自体がアサリの大きな減少要因と考えられる．持続的な再生産や安定的な漁獲を行うためには，漁場別のアサリの資源量や殻長組成の把握が不可欠である．漁業者自身の手でこれらの調査が行われている東京湾の事例を踏まえ，伊勢湾南部での漁獲管理体制の整備が急務である．クロノリ・アオノリ養殖業の再生や，底魚・甲殻類などの少量・多魚種の水産資源の活用など，複合的な漁場利用によってアサリ資源への依存を減少させることも重要と思われる．

4・2 アサリ漁場での貧酸素水塊モニタリング

貧酸素水塊がアサリなど底生生物の生残に大きな影響を及ぼすことは知られているが[20,21]，伊勢湾の貧酸素水塊は発生規模・期間とも拡大しているにもかかわらず，沿岸域の連続観測体制の整備は東京湾や瀬戸内海など他の内湾と比較して遅れている．とくに伊勢湾南部では貧酸素水塊の被害を受けやすい潮下帯漁場の操業の比重が高まっており，観測ブイなどを用いたリアルタイムでの水質の現況把握が急務である．また，二枚貝類の成長や生産力に影響を与えると考えられる栄養塩やクロロフィル量は，漁獲量との相関があり減少傾向が顕著なため，今後も伊勢湾浅海定線観測などのモニタリングの継続が重要である．

4・3 地先の漁場環境に配慮した増殖手法の導入

伊勢湾での年間稚貝放流量は，1980年代には平均611百万個，1990年代には平均559百万個，2000年代には平均724百万個と増加傾向にあるが[22]，放流効果は明確ではない．全国的なアサリ資源の減少により国内産の放流用稚貝は入手困難になっている．とくに，国外産の稚貝の無秩序な移植は，サキグロタマツメタなどの有害生物や，パーキンサス原虫やBRDなどの疾病持ち込みの危険性を考慮すると，防疫面から好ましくない[23,24]．

2・3で述べたようにアサリ稚貝が高密度で発生しても漁獲個体に成長するまでに減耗してしまうような種場が，伊勢湾の河口域干潟の上流側や海岸干潟に形成される（例えば図1・7，図1・8の一色前干潟）．このような未利用稚貝の発生場所を詳細に把握し，放流用稚貝として有効活用を図ることが重要である．さらに，放流稚貝がホトトギスマットによって潜砂を阻害され定着しない事例や，ツメタガイによって短期間に捕食された事例も見受けられることから，きめ細やかな漁場の観察や漁場管理が必要となる．県内のホトトギスマットやツメタガイの駆除事例や，海外のアサリ養殖場で実用化されている捕食防止用敷設網

の設置[25]，捕食が少なく成長のよい垂下式養殖などを複合的に組み合わせ，伊勢湾に適合したアサリ漁業を提案したいと考えている．

文　献

1) 三重県：伊勢湾再生ビジョン中間報告資料編，2000，296pp.
2) 農林水産省統計情報部：昭和28年度～平成18年度漁業養殖業生産統計年報，農林統計協会，(1953～2007).
3) 水野知巳：干潟・藻場・河口域の現況と変遷調査，共同研究事業報告書―伊勢湾の生態系の回復に関する研究―，三重県科学技術振興センター，2003，pp.44-48.
4) 佐々木克之：内湾および干潟における物質循環と生物生産27 干潟と漁業生物1. 東京湾のアサリ，海洋と生物，20，305-309 (1998).
5) 愛知県水産試験場：昭和45年度藻場保護水面効果調査報告，1971，41pp.
6) 平賀大蔵：三重県沿岸の藻場の分布，海と人間，21，60-87 (1993).
7) 三重県科学技術振興センター水産研究部：昭和47年～平成19年度漁況海況予報関連事業結果報告書，1973 ～ 2008.
8) 国土交通省：流量年表，日本河川協会，1983～2007.
9) 今後の閉鎖性海域対策に関する懇談会：今後の閉鎖性海域対策を検討する上での論点整理，2007，14pp.
10) 東海農政局三重農政事務所：昭和31年～平成17年三重県漁業地区別統計表，1957～2007.
11) 平賀大蔵：海で生きる赤須賀 聞き書き漁業の移り変わりと熊野行き，赤須賀漁業協同組合，1998，261pp.
12) 三重県漁業協同組合連合会：伊勢湾は豊かな漁場だった，風媒社，2005，285pp.
13) 鈴木輝明・市川哲也・桃井幹夫：リセプターモードモデルを利用した干潟域に加入する二枚貝浮遊幼生の供給源予測に関する試み―三河湾における事例研究―，水産海洋研究，66，88-101 (2002).
14) 石田基雄・小笠原桃子・村上千里・桃井幹夫・市川哲也・鈴木輝明：アサリ浮遊幼生の成長に伴う塩分選択行動特性の変化と鉛直移動様式再現モデル，水産海洋研究，69，73-82 (2005).
15) 黒田伸郎・落合真哉：三河湾におけるアサリD型幼生の分布，愛知水試研報，9，19-26 (2002).
16) 黒田伸郎：アサリ浮遊幼生の干潟への侵入機構，水産総合研究センター研報，3，67-77 (2005).
17) 三重県科学技術振興センター水産研究部事業報告：平成19年度事業報告，2008，pp.94-99.
18) 菅原兼男・海老原天夫・石井邦昭・内田 晃：浦安貝類漁場のホトトギス異常発生について，千葉内湾水試調報，3，83-92 (1961).
19) D. Miyawaki and H. Sekiguchi: Interanual variation of bivalve populations on temperate tidal flats, *Fish. Sci.*, 65, 817-829 (1999).
20) 日向野純也：貧酸素・硫化水素・浮泥等の環境要因がアサリに及ぼす影響，水産総合研究センター研報，3，27-33 (2005).
21) 萩田健二：貧酸素水と硫化水素水のアサリのへい死に与える影響，水産増殖，33，67-71 (1985).
22) 水産庁・水産総合研究センター・豊かな海づくり推進協会：昭和56～平成18年度栽培漁業種苗生産入手放流実績，1957～2008.
23) M.Hamaguchi, N. Suzuki, H. Usuki, and H. Ishioka: *Perkinsus* protozoan infection in short-neck clam *Tapes* (=*Ruditapes*) *philippinarum* in Japan, *Fish Pathol.*, 33, 473-480 (1998).
24) 浜口昌巳・大越健嗣：輸入アサリの放流に

よって生じる問題,水環境学会誌,28, 608-613 (2005).

25) 鳥羽光晴:ワシントン州におけるアサリ養殖ガイドブック,水産増養殖叢書42,社団法人日本水産資源保護協会,1996,114pp.

2章　三河湾のアサリ資源の現状と課題

岡 本 俊 治[*]

　三河湾は，赤潮や貧酸素水塊が多発する富栄養化の進行した海域である．しかし，そこには水産有用二枚貝類が多く生息しており，わが国を代表する二枚貝漁場でもある．とくにアサリについては，愛知県の漁獲量が全国都道府県別で第1位を上げるなどその資源は豊富であり，沿岸漁業の漁獲対象種として，干潟における水質浄化の代表生物として，また潮干狩りなどレクリエーションの対象としても重要な役割を果たしている．この豊富なアサリ資源は，その食性が懸濁物食であることからこの海域の高い基礎生産力に大きく支えられていると考えられる．しかし，その生活様式が定着性であるため悪化した海域環境による資源変動も大きい．そこで，三河湾内におけるアサリの漁獲実態や漁獲量の変遷などを紹介し，本種の資源形成・変動要因からアサリ漁業を安定して持続させるための課題を考えたい．

§1. 漁業の動向
1・1　三河湾におけるアサリ漁業

　三河湾は伊勢湾東部に位置し，面積は約 600 km^2，平均水深約 9 m，知多半島と渥美半島に囲まれた非常に浅く閉鎖的な海域である．また，湾内の西部海域は知多湾，東部海域は渥美湾と呼ばれる．アサリはこの三河湾浅海域の広範囲に生息し，衣浦，三河港内の一部を除き第1種共同漁業権漁業として盛んに漁獲されている．その漁獲方法は，干潟域ではジョレン[1]（地方名称は腰マンガ）により，岩礁域では手掘りにより，またその沖合では小型機船底びき網により行われている．一方，潮干狩りも沿岸各地で盛んに行われている．

1・2　愛知県におけるアサリ漁獲量の変遷

　1）県内漁獲量　2005年の愛知県内のアサリ類の漁獲量は 11,715 t[2] であり，1988年以降は1995年と2005年の2年を除き，ほぼ毎年，全国都道府県別で

---

[*] 愛知県水産試験場

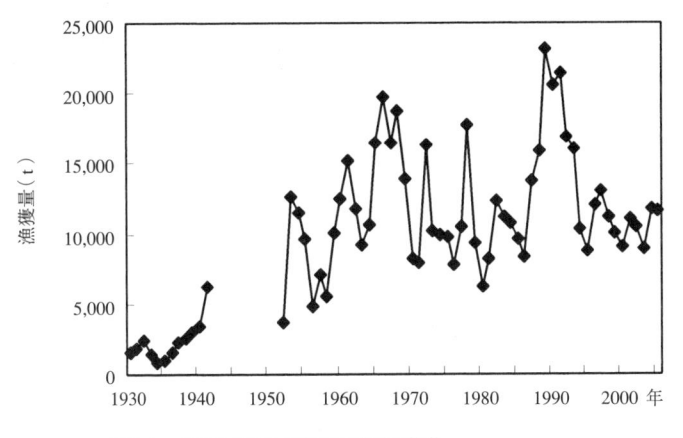

図 2·1 愛知県のアサリ年間漁獲量の推移
1941 年以前はアサリ[3]，1952 年以降はアサリ類[4].

第 1 位の漁獲量を上げている．この県内年間漁獲量は 1950 年代に需要の拡大に伴う漁獲努力量の増加により大きく増加し，1960 年代以降はおおよそ 1 万から 2 万 t の間で推移している（図 2·1）．

2) **地区別漁獲量**　愛知県内における主要なアサリ漁場を図 2·2，その地区別の年間漁獲量の推移を図 2·3 に示した．知多半島西岸の伊勢湾側での漁獲量は県全体の 1 割に満たず，県内漁獲量のほとんどは三河湾内での漁獲である．

地区別の推移についてみると，一色干潟地区の漁獲量は 1970 年代から増加し，1980 年代後半からは水流噴射式けた網の導入により年間 1 万 t 台に増加したが，1990 年代中頃からは 6,000 t 前後で安定している．1995 年の漁獲量の大きな減少には，前年夏季の三河湾内において発生した大規模な苦潮（東京湾では青潮）によるアサリの大量斃死[5]が影響している．また，近年の漁獲量が 8,000 t 台にあるのは，豊川河口域に発生する稚貝の漁業者による移植が大きく寄与していると思われる．

渥美福江地区は，福江湾内を中心に，毎年 2,000 t 前後で安定した漁獲が行われている．

知多西浜地区は近年漁獲量が減少しているが，これには大規模開発による漁場の喪失や海域・社会環境の変化が影響しているものと考えられる．

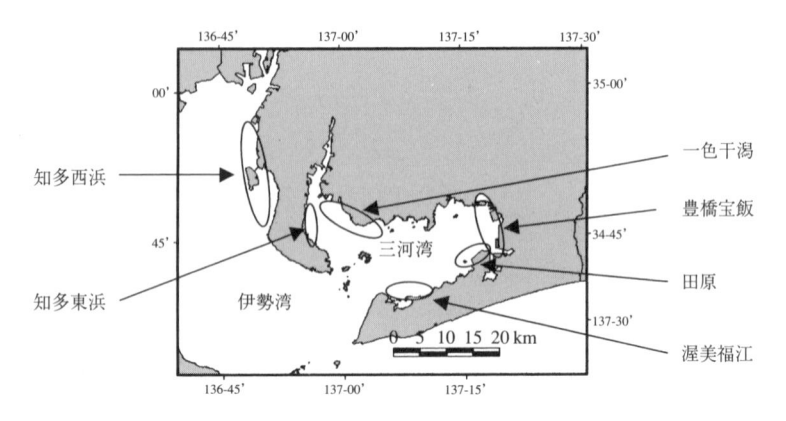

図 2·2 愛知県内における主要アサリ漁場

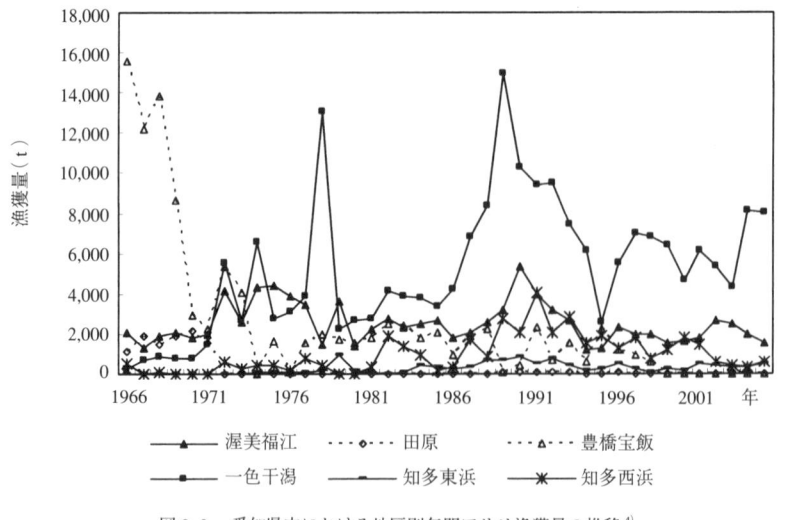

図 2·3 愛知県内における地区別年間アサリ漁獲量の推移 [4]

　豊橋宝飯地区は 1960 年代まではその漁獲量が 1 万 t を超え，田原地区とともに本県の主要な漁獲地区であったが，1970 年以降，埋め立てによる漁場の喪失で大幅に漁獲量が減少した．その後，漁業補償により 1999 年以降漁獲されなくなった．

　このような地区ごとの状況から，県内アサリ漁獲量に占める地区別漁獲量の

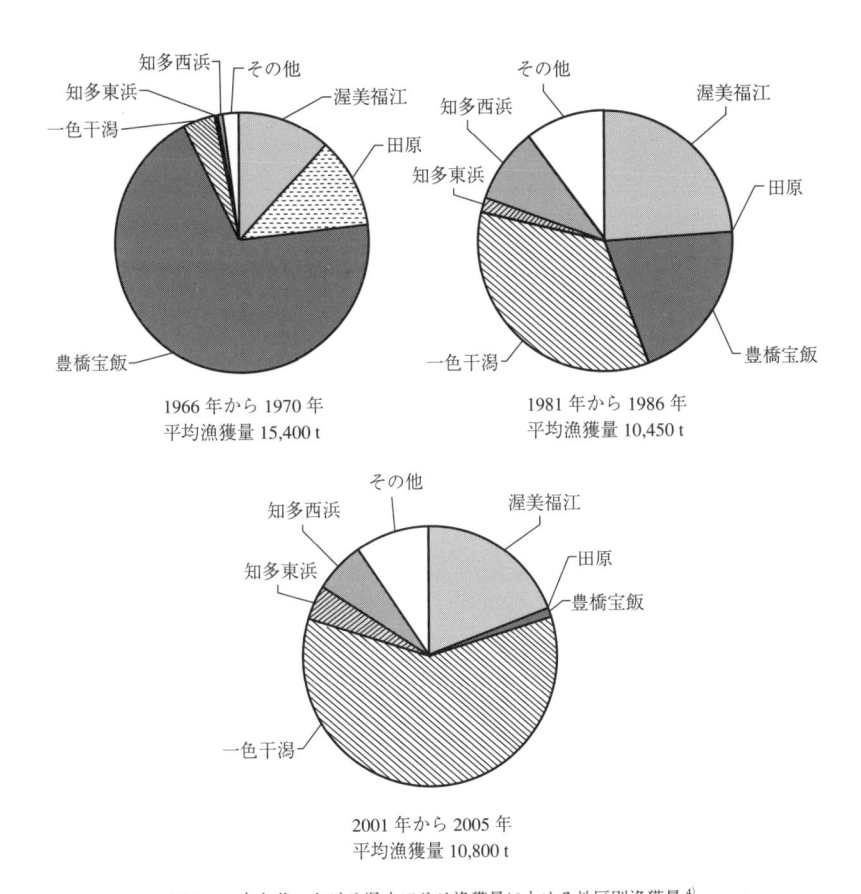

図 2·4　各年代における県内アサリ漁獲量に占める地区別漁獲量 [4]

比率も大きく変化した（図 2·4）．1960 年代後半には三河湾東部の豊橋宝飯，田原地区が県内アサリ漁獲量全体の約 80％を占めていたが，1980 年代前半には同地区が大きく減少し一色干潟地区の漁獲が多くなり，近年（2001 年から 2005 年の平均）では一色干潟地区の漁獲が全体の 61％を占め，次いで渥美福江地区が同 20％となっている．

以上のことから，県内のアサリ漁獲量は年間 1 万 t 前後で推移しているが，漁場環境や漁場の喪失，社会環境の影響を大きく受けていることがわかる．

§2. アサリ資源の変動要因と課題
2·1 内湾漁場環境の悪化

先述の漁獲状況の推移や前年夏季の貧酸素水塊の発達規模と翌年のアサリ資源量との間には負の関係が示されていること[6]から，アサリ資源に最も大きな影響を与えているのは，赤潮や貧酸素水塊発生に代表される内湾漁場環境の悪化である．この環境悪化の要因は，陸域からの負荷の増大のみならず，埋め立てなどによる干潟や浅場の減少など，海域自体の浄化能力の減少に因るところが大きいとされている[7]．よって，海域環境を改善するためには湾内の干潟や浅場を再生していく必要があり，三河湾では1990年代以降，干潟浅場の造成を中心とした環境修復活動が国と愛知県により積極的に行われている．しかし，近年においても三河湾内には貧酸素水塊が大規模に発生し（図2·5）[8]，苦潮によるアサリの斃死が毎年のように発生していること[9]から，その対策が急がれる．

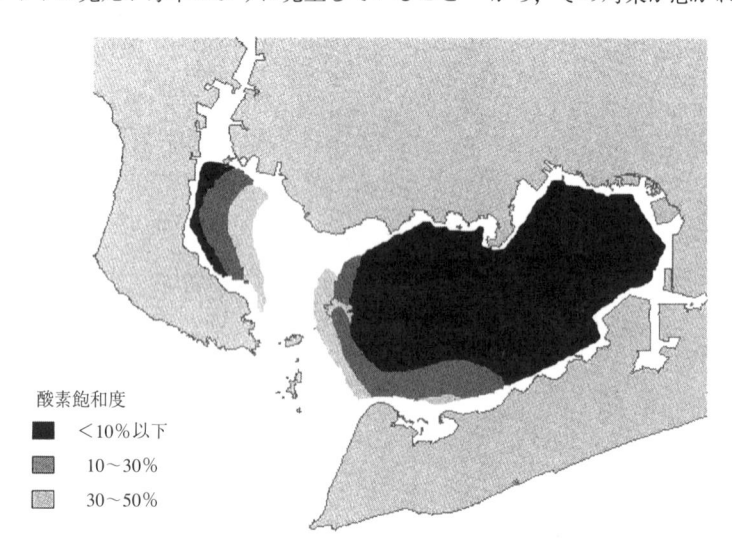

図2·5 三河湾における貧酸素水塊の分布
2006.9.5～6 愛知県水産試験場調査，水深5m以浅を除く海底上1m層の溶存酸素飽和度．

2·2 漁業者による漁場管理

本県では，河口域に発生したアサリ稚貝の移植が漁業者により盛んに行われている．天然発生に頼った資源を漁獲するだけではなく，稚貝の移植という積

極的な資源増大策を図る上においては，漁獲量の規制のみならず，移植稚貝の生残率向上のための漁場管理が重要になってくる．その実例として，一色干潟地区において稚貝を移植し，漁場管理を行わずその生残状況を調査した結果，移植稚貝は食害生物による減耗が著しく，約半年後には移植稚貝はほとんど消滅した（図2·6）．このことは，食害防除をはじめとする漁場管理の重要性を示している．現在，県内の採貝漁業者は，操業時に入網する食害生物をはじめとする有害生物の持ち帰りや漁場での除去活動に積極的に取り組んでいる．

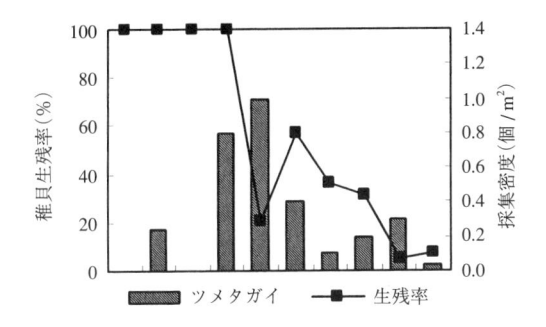

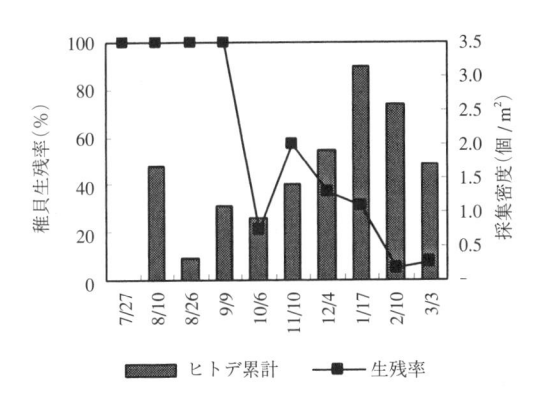

図2·6　移植稚貝の生残率と食害生物の採集密度の推移（2005年）

2·3　再生産力の維持

乱獲などによるアサリ資源の減少や埋め立てなどによる場の喪失については，地先漁獲量の減少のみならず，湾内アサリ資源全体に影響を及ぼす．アサリは，

受精後3週間程度プランクトンとして海水中を浮遊した後，着底して底生生活に移るが，この3週間程度の浮遊期間に漁場間を広く移動していると考えられること [10-12] から，生物的ネットワークと呼ばれる幼生の移動・分散を介した個体群間の相互作用が湾内アサリ資源の維持に重要である [13] とされている．よって，地先のアサリ母貝集団の消滅や幼生の移動を妨げる大規模開発による海域の分断などに注意しなければならない（図2・7）.

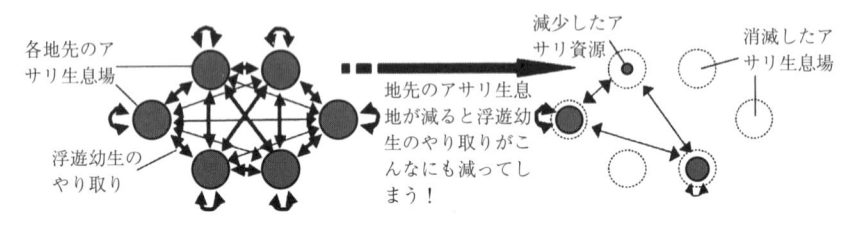

図2・7 アサリ再生産機構の崩壊イメージ [14]

また，アサリはこの浮遊期間を含めた発生初期における生残率が極めて低いことから，地先での資源形成には浮遊幼生が絶えず大量に供給されている必要がある．これには，豊富な産卵量や母貝集団の存在，さらにこれらを維持するための良好な餌料環境が必要となり，その海域の基礎生産力が大きく影響すると考えられる．例えば，1950年代の漁獲増大期には，湾内の富栄養化による基礎生産力の増大がその資源形成に関与していたとも考えられる．しかし，近年，三河湾をはじめとする内湾域においては，基礎生産の基となる陸域からの負荷が1978年から導入された水質総量規制により削減傾向にある [15]．今のところ，三河湾内での植物色素量（図2・8）に大きな変化は認められていない．また，アサリについては，その肥満度（（軟体部重量（g）／（殻長（cm）×殻高（cm）×殻幅（cm）））×100）[17] に変化が認められるものの（図2・9），浮遊幼生は春から初冬にかけて長期間，高密度に出現していること（図2・10，図2・11）から，三河湾内ではこの生物的ネットワークが機能していると考えられる．しかし，この高い再生産力を支える餌料環境については未だ十分に解明されておらず，赤潮や貧酸素水塊の発達を抑制しつつ，アサリの高い再生産力を維持できるような海域での適正な基礎生産量の提示や海域の環境管理が今後の重要な課題となると考える．

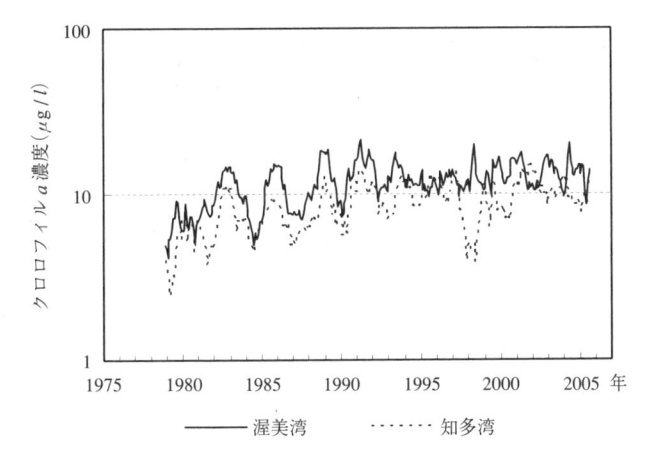

図2・8 三河湾内における植物色素量（クロロフィル a）の推移[16]
渥美湾中央測点 A-5，知多湾中央測点 K-5，13ヶ月平均値.

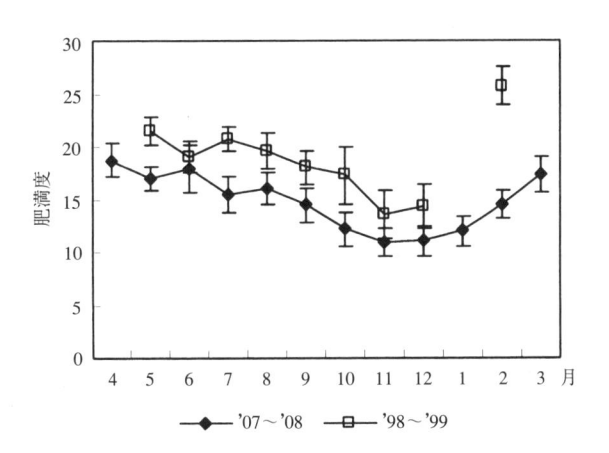

図2・9 三河湾一色干潟産アサリの肥満度の推移
点は30個体の平均値，縦棒は標準偏差を示す．

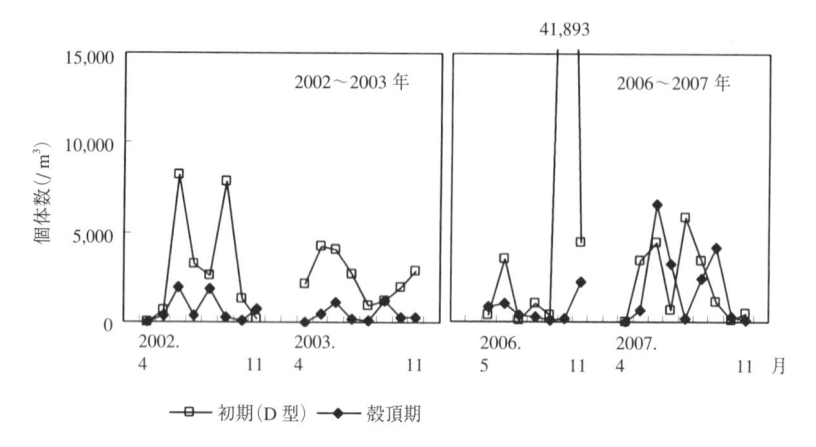

図 2·10　三河湾矢作川沖におけるアサリ浮遊幼生の出現数の推移

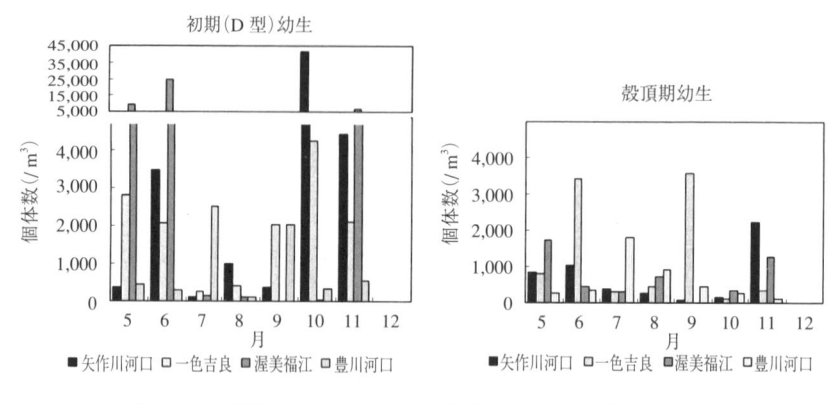

図 2·11　三河湾内 4 点におけるアサリ浮遊幼生の出現数の推移（2006 年）

文　献

1) 社団法人全国沿岸漁業振興開発協会：沿岸漁場整備開発事業増殖場造成計画指針ヒラメ・アサリ編，平成 8 年度版，1997，158pp.
2) 東海農政局統計部：第 53 次愛知農林水産統計年報，2007，pp.288-289.
3) 愛知県農林部水産課：愛知県水産年表，1977，36pp.
4) 東海農政局統計部：愛知農林水産統計年報（第 14 次～第 53 次），（1967～2007）.
5) 愛知県水産試験場：平成 6 年夏季におけるアサリの大量へい死について，愛知水試業

績 C-16, 1995, pp.1-13.
6) 中村元彦・黒田伸郎：伊勢・三河湾における漁業の推移，綜合郷土研究所紀要，50，239-252（2005）．
7) 青山裕晃・今尾和正・鈴木輝明：干潟域の水質浄化機能，月刊海洋，28，178-188（1996）．
8) 黒田伸郎・藤田弘一：伊勢湾と三河湾の貧酸素水塊の短期変動及び長期変動の比較，愛知水試研報，12，5-12（2006）．
9) 愛知県水産試験場：平成19年伊勢湾・三河湾の赤潮発生状況，愛知水試業績 C-170，2008，pp.13-14.
10) 松村貴晴・岡本俊治・黒田伸郎・浜口昌巳：三河湾におけるアサリ浮遊幼生の時空間分布―間接蛍光抗体法を用いた解析の試み―，日本ベントス学会誌，56，1-8（2001）．
11) 黒田伸郎・落合真哉：三河湾におけるアサリD型幼生の分布，愛知水試研報，9，19-26（2002）．
12) 鈴木輝明・市川哲也・桃井幹夫：リセプターモデルを利用した干潟域に加入する二枚貝浮遊幼生の供給源予測に関する試み，水産海洋研究，66，2，88-101（2002）．
13) 浜口昌巳：本邦沿岸のアサリ資源の減少とその原因解明に向けた取り組み，水産海洋研究，68，165-188（2004）．
14) アサリ資源全国協議会提言検討委員会・水産庁・独立行政法人水産総合研究センター：提言国産アサリの復活に向けて，2006，pp.5.
15) 環境省：平成18年度版環境白書，2006，pp.98-99.
16) 愛知県環境部：公共用水域および地下水の水質調査結果資料編（昭和53年度～平成17年度），（1979～2006）．
17) 鳥羽光晴・深山義文：飼育アサリの性成熟過程と産卵誘発，日水誌，57，1269-1275（1991）．

II. 初期生活史へのアプローチ

3章 幼生加入過程：アサリ資源研究の新しい視点

関 口 秀 夫*

　海産底生無脊椎動物は，生活史初期の浮遊生活と中・後期の底生生活という，陸域の無脊椎動物とは全く異なった生活期を経過する．海産底生無脊椎動物の底生個体群の形成・維持および変動の機構，さらには底生個体群の構造と機能を決定している鍵要因として，幼生加入過程（浮遊幼生の親・底生個体群への加入過程）が新たに脚光を浴びてきている[1-10]．しかし，二枚貝も含めて，これらの無脊椎動物の浮遊幼生をめぐる生態学的諸問題は多様な側面をもち，研究手法の困難さもあって，これまで個体群生態学や群集生態学の研究の対象になることは少なかった．

　浮遊幼生の親個体群や底生群集への加入過程の諸問題を列挙し，浮遊幼生の加入過程と親個体群や底生群集に主に作用する種内・種間関係とを対比したものが，図3・1の模式図である．ここで肝要なことは，その場所に滞留する浮遊幼生数あるいは回帰してきた浮遊幼生数と，底生個体群への加入に成功する個体数は，必ずしも比例関係にない，しばしば無関係でさえあり得ることである[2-4, 9-11]．つまり，浮遊生活期での環境変動の影響が強いために，浮遊生活期と底生生活期の動態は必ずしも連動しておらず，しばしば無関係である．

　本章では，アサリの資源変動を幼生加入過程の視点から検討し，浮遊幼生がアサリ底生個体群へ加入までの諸過程の中で，とくに近年浮上してきた問題点について述べる．

§1. アジアおよび本邦におけるアサリの地理分布と遺伝学的構造

　アサリは，北は樺太から千島にかけて，また朝鮮半島から中国大陸沿岸域に

---

* 三重大学大学院生物資源学研究科

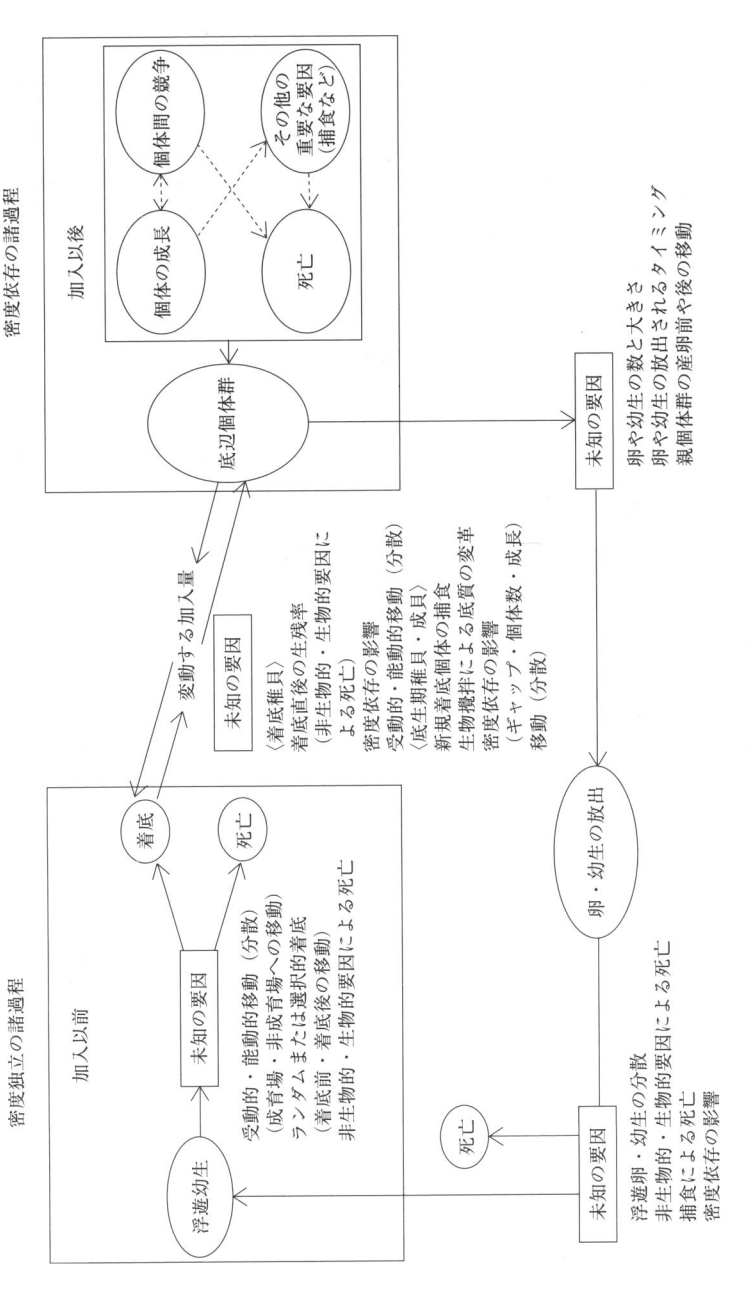

3章 幼生加入過程：アサリ資源研究の新しい視点　37

図 3・1　海産底生無脊椎動物の幼生加入過程

かけて，南は台湾からフィリピンにまで分布している[12]．しかし，本種の養殖やカキ種苗の移植その他の人為的な手段を通してアサリ種苗が導入された結果，現在では，地中海やアメリカ合衆国西海岸にも，アサリは分布域を広げている．本来は東アジアの固有種であり，このような広大な地理分布を占めているアサリであるが，形態学的あるいは遺伝学的特徴から判断する限り，アサリは複数種ではなくただ1種で構成されている[12]．

mtDNAのCOI領域の遺伝子の塩基配列を基にアサリ集団の系統樹を作成した結果によれば[15]，東アジアのアサリは大きく2つのグループ（日本のアサリ集団，中国大陸のアサリ集団）に分割される．これら両グループのアサリは明らかに遺伝的な交流のない別個体群に属しているが，形態的には識別が困難である．国内のアサリ漁場で外国起源のアサリを放流することが一般的に行われており[14]，本邦の在来個体群に対して遺伝的攪乱が懸念されているが，上記の集団遺伝学的研究は，外国起源のアサリの過去の放流量が本邦の在来個体群に対して遺伝的攪乱を与えていないこと，あるいは遺伝的攪乱を与えるほどの放流規模ではなかったことを明らかにしている．次に，本邦の在来アサリは本州・九州と北海道の2グループに，中国大陸のアサリは北部域と南部域の2グループに分割された．しかし，酵素レベルのアロザイム解析では，本邦内の，また本邦と中国大陸の間のアサリ集団の遺伝学的な識別は困難であった[15, 16]．

本邦のアサリの産卵時期およびその盛期の回数は生息域によって異なっており，関東地方より北の太平洋側沿岸域および日本海側の舞鶴周辺域では夏を中心に年1回，関東地方以南の沿岸域では春と秋を中心に年2回，産卵盛期が観察されている[17]．このような生殖活動の相違（分化）は，本邦のアサリ集団が集団遺伝学的に2グループ（本州・九州と北海道のアサリ集団）に分割されていることに対応している．本邦の在来のアサリ集団はメタ個体群を構成する2つの地域個体群ではなく，個体群としては相互に独立であり，遺伝的交流はないか，たとえ遺伝的交流があったとしても個体群の特徴を変えるほどの規模ではないといえる．このことはまた，外国産アサリの放流によっても，また国内産のアサリの移植によっても，本邦の在来アサリ集団に遺伝的攪乱が生じていないことを示唆している[15]．

§2. 本邦におけるアサリ漁獲量の経年変動とその駆動要因

2・1 漁獲量変動の駆動要因

　本邦全域と主要な県のアサリ漁獲量の経年変化（図4・1）の特徴はすでに，関口・石井[18]によって詳細に検討されている．これらの主要な県の中でも，熊本県の漁獲量の減少はとくに顕著である．有明海のアサリ漁獲量激減の原因を解明するためには，アサリ漁獲量の激減に関与している要因が，「有明海に固有の要因なのか，それとも，もっと広く本邦全域に及ぶような空間規模の共通要因なのか」を，まず最初に明らかにしなければならない．種々の検討結果によれば[18]，有明海のアサリ漁獲量の激減には，有明海全域に及ぶ空間規模の，漁獲行為も含めた環境強制的な共通要因が関与している．

　熊本県のアサリ漁獲量の激減に関与している要因が，有明海全域に及ぶような要因であるとすれば，「有明海の重要な水産資源であるアサリ，タイラギ，アゲマキ，サルボウなどの漁獲量の経年変化が類似しているか，それとも異なっているのか」を，明らかにしなければならない．アサリも含めて，有明海のタイラギ，アゲマキさらにはサルボウの漁獲量は，近年，いずれも激減しているが，極端な不漁の年度には大きな相違がある[18]．この事実は，有明海のアサリ，タイラギ，アゲマキさらにはサルボウの漁獲量の近年の激減が，これら各種の二枚貝に共通する環境強制的な要因によってではなく，各種に固有の環境要因もしくは生物学的な要因によって引き起こされていることを示唆している．

　アサリを含めて，漁獲対象となっている多くの海産底生無脊椎動物では，成体・親（漁獲対象）資源量とそれに由来する加入量の関係，また加入量とそれに由来する成体・親資源量の関係が成立するまでには，次の①〜⑥のような種々の過程を経過しなければならない．

　① 親（漁獲対象）資源量とその産卵量の関係
　② 産み出された浮遊幼生量と漁場に回帰する浮遊幼生量の関係
　③ 回帰した浮遊幼生量と着底量の関係
　④ 浮遊幼生の着底量と加入量の関係
　⑤ 加入量とそれに由来する親（漁獲対象）資源量の関係
　⑥ 親（漁獲対象）資源量とそれに由来する加入量の関係

　上記のような一連の過程を考慮すれば，海洋環境が浮遊幼生の輸送・分散の

過程，さらには着底過程に大きな影響を及ぼすために，親資源量とそれに由来する加入量の間の密度依存的な親仔関係は成り立ちがたく，一方，加入量とそれに由来する親資源量との間の密度依存的な関係は，前者に比べて成り立ちやすいといえる．したがって，一般に漁獲対象種の漁獲量（資源量）の変動機構を把握しようとする場合には，この変動が生活史のどの段階で決定されているのか，つまり「浮遊幼生の着底以前なのか着底以後なのか，着底稚仔の加入以前なのか加入以後なのか」を，まず最初に知らなければならない．この変動を規定している成長段階を把握できてはじめて，当該の成長段階の資源量ひいては加入以降の資源量（漁獲量）を決定している機構あるいは要因の究明を，具体的に進めることができる．

東京湾では，アサリ漁獲量の減少と埋め立て面積の増大には明瞭な対応関係があり，アサリ漁獲量の減少はアサリの生息域の縮小によってほぼ説明できる[19]．しかし，東京湾の場合とは異なって，熊本県の浅海域では埋め立てはほとんど進行していないので，1980年後半以降の有明海，とくに1977年以降の熊本県のアサリ漁獲量の激減は，埋め立ての進行とは関係がない．つまり，有明海のアサリ漁獲量の激減の原因は，埋め立てではなく，他にあるはずである．関口・石井[19]は有明海のアサリ漁獲量の激減の主たる原因として「浮遊幼生量の供給量の減少」を強調したが，堤ら[20]が主張する「稚貝の死亡」，さらには両方の要因が関与した「浮遊幼生の供給量の減少に加えて，稚貝の死亡」が主たる要因である可能性も否定できない．また，玉置[21]は「ニホンスナモグリやアナジャコが1970年代後半から1980年代初頭にかけて爆発的に増えたのが，アサリ漁獲量激減の原因」と考えており，一方松川ら[22]は主たる要因として「乱獲」をあげている．

2・2 Key factor analysis とその問題点

Key factor analysis として知られる解析手法は，生命表の解析を踏まえ，個体群の規模の変動に主として関与している要因 key factor を把握しようとする解析法であり，昆虫などの個体群動態の解析にごく普通に使用されている手法である．筆者が二枚貝の個体群動態を幼生加入過程の視点から解析した際には，二枚貝の各成長段階の密度推定の誤差範囲が大きかったので，この手法に代わって，二枚貝の各成長段階ごとにコホート分離を行い，各コホートごとに浮遊幼生の

着底から底生個体群の形成・消失を追跡し、各コホートが底生個体群の動態にどの程度寄与しているかを明らかにした．この手法を直接に適用しなかったとはいえ，筆者の解析は研究手法としては Key factor analysis そのものである．ここで，「底生個体群の規模の変動」を駆動する要因を正しく追跡するための背景として，そして筆者の底生個体群の動態を幼生加入過程の視点から解析する意義をよりよく理解してもらうために，Key factor analysis の手法の意義とその問題点を整理しておく．Key factor analysis は次のような表現形式をとる．

$$K = k_1 + k_2 + \cdots\cdots + k_n$$

（K: 一世代当たりの生残率の対数値, k_i: i 番目の成長段階の生残率の対数値）

つまり，個体群の規模の変動（すなわち K の変動）にもっとも寄与している，ある成長段階の変動（すなわちの k_i の変動）を key factor と呼ぶ．この手法は原則的には各変数が独立的な変数から構成されている線形回帰モデル（重回帰分析）に基づいている．上記の式の表現形式からも明らかであるが，K は k_i の合計であり，k_i とは独立ではなく相互依存的な関係にあるので，Key factor analysis の手法は key factor を検出しようとする点においては有用であるが，回帰モデルとしては意味のない表現形式である．

Key factor analysis の手法を適用するには，各成長段階の密度の時空間変動のデータが必要になる．これらのデータは適切な調査設計に基づく密度推定によって得られるが，これらの推定には誤差が伴い，誤差範囲が大きいときには Key factor analysis の手法を適用するのが困難になる．もっとも，各成長段階の密度の長期間にわたる時系列変動のデータがある場合には，たとえ誤差範囲が大きいとしても，移動平均をとることによって長期的な変動傾向を検出できる場合があるので，この場合は長期的な変動傾向が解析の対象となる．

生態学一般においては，「個体群の規模の変動」は変動パターンを意味しており，その変動パターンの形成機構を解明することが個体群生態学の中心的な課題である．しかし，個体群動態を扱い，Key factor analysis の手法を踏まえた解析の多くは，key factor を検出するために相関関係あるいは回帰分析に基づく指数 β_i (key factor indices) を算出する．すでに伊藤・村井[23]によって，このような手法を採集誤差が大きいデータや時系列上の自己相関が高いデータに適用した場

合の問題点が整理されている．多くの研究で使用されている指数 β_i は次のようなものであり，線形の重回帰モデルに基づくこの指数は，K の変動に対する k_i の変動の寄与の程度を示している．

$$K = \alpha + \beta_1 k_1 + \beta_2 k_2 + \beta_3 k_3 \cdots\cdots\cdots\cdots\cdots\cdots + \beta_n k_n + \varepsilon$$

（β_i：回帰係数，α：定数，ε：誤差）

先にも言及したように，生態学一般においては，「個体群の規模の変動」は変動パターンを意味しており，その変動パターンの形成機構を解明することが個体群生態学の中心的な課題である．したがって，key factor を検出するために，この「key factor の概念」をある種の統計的な手法に基づく指数 key factor indices に解消するやり方には，いくつか無視できない問題がある[24]．これらの指数は，「個体群の規模の変動パターン」を単に「個体群の変動」あるいは「K の変動」として扱っている．個体群の規模の変動パターンの形成には種々の要因が関与しており，各要因の果たしている役割（意義）は単に個体群の規模の変動（あるいは K の変動）への寄与の程度のみでは測れない．

Royama[24] によれば，key factor indices に基づく解析は，もともとの Key factor analysis の中心概念であった「key factor の概念」を矮小化しており，そこには大きく分けて3つの本質的な問題が存在している．1つは，経年変化の変動傾向に関与する key factor と，各年度の個体群の規模に関与する key factor は，必ずしも同じではないが，このような状況を key factor indices に基づいた解析は明らかにできない．2つ目は，経年的に大きく変動しない要因であっても，このような要因がその大小に応じて key factor となり得るような状況，あるいは key factor としての役割（意義）が見落とされるような状況がある．3つ目は，生命表を踏まえた key factor indices に基づく解析が行われるのであるが，各成長段階の区分の仕方によっては，この区分の相違に起因する偏りが明らかに生じる状況もある．これらの難点に関しては，事例をあげての詳しい解説が Royama[24,25] によって行われている．

2·3 漁獲量の経年変化と各年度の漁獲量を決定している要因の識別

前記の東京湾のアサリ漁獲量の減少と埋め立て面積の増大との関係[19] において留意しておかなければならないことは，アサリ漁獲量の経年変化（例えば減少）を駆動している要因と，各年度のアサリ漁獲量を決定している要因が必ずしも

同じでないことである．それには，次のような2つの状況（A, B）を想定できる．

(A) 各年度のアサリ漁獲量を決定している要因は同じであるが，長期的経年変化（減少）に関与する要因はこれとは異なっている．もしくは，アサリ漁獲量を決定している要因は年によって異なっているとしても，長期的経年変化に関与している要因はこれらとは異なっている．いずれにしろ，このような状況においては，主として漁獲量の経年変化に関与している要因と各年度の漁獲量の決定に関与している要因それぞれが，各年度の漁獲量の決定にどの程度寄与しているかが，次に問われるべき問題であろう．

(B) 各年度のアサリ漁獲量を決定している要因と，アサリ漁獲量の経年変化（減少）に関与している要因が同じである．

佐々木[19]が明らかにしているように，東京湾ではアサリ漁獲量の減少と埋め立て面積の増大には明瞭な対応関係がある．しかし，このことは，有明海と同様に東京湾においても，各年度のアサリ漁獲量が浮遊幼生の段階で決定されていることを必ずしも否定しない．なぜならば，次のような，少なくとも（①〜④）の状況が想定されるからである．

① 各年度のアサリ漁獲量が浮遊幼生の着底（あるいは加入）以降の段階で決定されている場合．この場合，埋め立て面積の増大は干潟面積の減少，つまりアサリの生息域の縮小を意味するので，結果として，底生期のアサリの死亡率を高め，直接アサリ漁獲量の減少を引き起こす．

② 各年度のアサリ漁獲量が浮遊幼生の着底（あるいは加入）以降の段階で決定されている場合．干潟面積の縮小は干潟の水質浄化力の低下と富栄養化の進行を招き，ひいては赤潮の頻発や貧酸素水塊の発達につながるので，結果として，底生期のアサリの死亡率を高め，埋め立て面積の増大は間接的にアサリ漁獲量の減少を引き起こすであろう．

③ 各年度のアサリ漁獲量は主に浮遊幼生の段階で決定されるが，着底（あるいは加入）以降の死亡も重要な要因として関与している場合．この場合には，埋め立て面積の増大（アサリの生息域の縮小）によって，着底（あるいは加入）以降の死亡要因が主にアサリ漁獲量を決定するようになる．つまり，埋め立て面積の増大によって，アサリ漁獲量を決定している要因が，浮遊幼生の段階で働いていた要因から着底（あるいは加入）以降の段階で働い

ている要因へ変化したことになる．

④各年度のアサリ漁獲量が浮遊幼生の段階でほぼ決定されている場合．このような状況は，浮遊幼生量と埋め立て面積の間に，直接的であれ間接的であれ，何らかの負の相関関係が成立している場合には，十分に想定される．例えば，干潟面積の減少は水質浄化力の低下，富栄養化の進行，赤潮の頻発や貧酸素水塊の発達を招き，親貝や浮遊幼生の死亡率を高めるので，結果として，埋め立て面積の増大は間接的にアサリ漁獲量の減少を引き起こすであろう．

結局，東京湾について言及した上記の仮想状況①～④のいずれの場合も，状況（A）は当てはまるであろう．しかしながら，有明海のアサリ漁獲量の激減の原因の場合は，関口・石井[18]が明らかにしているように，むしろ状況（B）に相当するであろうし，その原因として浮遊幼生の生残率の低下が，さらにはそれを駆動しているいくつかの要因が想定される．

これまでの検討を整理すれば，有明海のアサリ漁獲量（資源量）の激減は，有明海に固有の要因によって，次にアサリに固有の要因によって，さらには浮遊幼生の供給量，つまり浮遊幼生の生残率の変動によって，駆動されているといえる[6,18]．これらの検討を踏まえれば，「有明海のアサリ漁獲量（資源量）の激減には，アサリ浮遊幼生の生残率の低下をもたらす環境要因が関与している」という結論が引き出せる．ここでは，アサリ浮遊幼生の生残率の低下は2通りに解釈できる．1つは，浮遊幼生の死亡による，文字通りの生残率の低下である．他の解釈は，海況などの変化による浮遊幼生の分布特徴の変化や，滞留量もしくは回帰量の減少による見かけ上の生残率の低下である．

2・4 その他の仮説の検証

松川ら[22]は，本邦全域および有明海におけるアサリ漁獲量激減の主たる要因として，乱獲をあげている．そこで事例としてあげられている東京湾，瀬戸内海あるいは有明海の浅海域においては，ときには漁獲量が成貝（産卵群）資源の9割にも達するような漁獲圧が報告されている．しかし，それらは特定の狭い場所での事例報告であり，具体的に漁獲努力量のデータを基に解析されている東京湾の事例でも，過剰な漁獲圧とアサリ漁獲量の原因の間の因果関係についてはさらに詳しい解析が求められる，つまり「過剰な漁獲圧がアサリ資源量

の減少の原因なのか」，それとも逆に，「アサリ資源量の減少が見かけ上の過剰な漁獲圧を生じさせたのか」が判然としない．アサリ資源に影響を与える重要な要因の1つが漁業であることには異論はないが，残念ながら，これまで漁業のモニタリングと漁業の影響に関する解析例はない．関口・石井[18]では，アサリ資源への漁業の影響を直接扱うことはできなかったが，漁業の影響を過小評価しているわけではない．そこでは明確に言及はしなかったが，漁業の影響があるとすれば，当然「幼生の加入過程」を通して現れてくるとの立場をとっている．漁獲によって産卵群（あるいは産卵予備軍）への漁獲圧が高まり，次世代の加入量の減少を通してその影響が現れるとすれば，幼生加入過程を見る限り，その影響はそれほど顕著ではないと考えられる．なぜならば，有明海全域でまた数十年間にわたる時間スケールで見た場合，少なくとも十分な浮遊幼生の供給量はあったと考えられるからである．一方，玉置[22]は「ニホンスナモグリやアナジャコが1970年代後半から1980年代初頭にかけて爆発的に増えたのが，アサリ漁獲量激減の原因」と考えているが，この仮説の当否については今後の研究の展開を待つしかない．しかし，現状の有明海全域を考慮すれば，ニホンスナモグリやアナジャコの高密度域の分布とアサリ漁場の分布が必ずしも大きく重複していないので，この仮説によってアサリ漁獲量激減を説明するのは難しいであろうと筆者は考えている．

§3. アサリ浮遊幼生の輸送・分散と回帰

3・1 アサリの初期生活史

アサリは，体外受精の受精卵からトロコフォア幼生 trochophore として孵化し，数時間後にはベリジャー幼生 veliger（前期のD型幼生 D-shaped larvae と後期の殻頂期幼生 umbo larvae）となり，夏季ではほぼ2週間の浮遊生活の後に，肥大した足をもつペディベリジャー幼生 pediveliger（変態期幼生）として着底し，その直後に肥大した足は退化し，幼生器官である面盤を消失して，底生の着底稚貝に変態する．変態・着底の準備が整っているペディベリジャー幼生は完熟幼生であり，着底基盤があればいつでも着底することができる．一方，それ以前の浮遊幼生は未成熟幼生であり，いかに好適な着底基盤に恵まれていたとしても着底できないので，ペディベリジャー幼生に達するまで浮遊生活を送らなけ

ればならない．

　アサリ浮遊幼生の成長および浮遊日数と水温の関係については，実験室内での飼育実験によって明らかにされている[26]．餌が十分な条件下で，9～30℃の間の8段階での飼育水温では，水温と日間殻長成長量の間には明確な比例関係があり，その関係は回帰式

$$G_r = 0.377T - 2.96 \quad (G_r は日間殻長成長量 \mu m/日, T は水温 ℃)$$

で表現され，ほぼ8℃で成長率がゼロになると推測された．アサリ浮遊幼生の浮遊期間は水温が低いほど長くなり，水温15℃以下ではアサリ浮遊幼生は20～25日間の飼育期間中に着底せず，浮遊日数は22～24日間（18℃），14日間（24℃），12～14日間（27～30℃）であった．アサリ浮遊幼生の日間殻長成長量と浮遊日数が水温に直接に制御されているので，結果として，水温によって大きな影響を受ける着底サイズは193 μm（18℃），183 μm（24℃），206 μm（27～30℃）であった．東京湾以南の沿岸水域では，アサリは春と秋の年2回の産卵盛期をもつが，浮遊幼生はほぼ周年にわたって観察されている．そこでは，表面水温は冬季の12℃から盛夏の30℃近くまでの範囲の顕著な季節変動を示すので，とくに産卵盛期の春と秋であっても14～18℃（春）と20～25℃（秋）なので，アサリ浮遊幼生の日間殻長成長量，浮遊期間および着底サイズは季節によって著しく変動すると考えられる．本邦のアサリは，北は北海道の野付湾から南は鹿児島県まで広い範囲に分布しているが，環境水温の範囲も北海道と九州では大きな相違があり，東京湾以南のアサリ集団とは異なって，北海道のアサリにとって浮遊幼生の好適水温が出現する期間は短く，浮遊期間も相対的に長くなるので，浮遊幼生の供給量および着底量が漁獲加入量を決定する要因になりやすいであろう．アサリ浮遊幼生の浮遊期間の延長は死亡率の増加を招き，輸送・分散範囲の拡大とともに無効分散となる浮遊幼生を増加させ（逆に，地域個体群間の交流を促進する利点もある），また着底サイズに影響及ぼすことで，着底・変態の成否，着底・変態時あるいはこれ以降の死亡率の多寡や底生期個体のコホート成立の成否，ひいては幼生（漁獲）加入量の変動にも影響を及ぼす．

3・2 輸送・分散と回帰

　浮遊幼生の輸送・分散の規模は，主として3つの要因の連関によって，具体

的にいえば，幼生の浮遊期間，当該水域の水の流動特性，浮遊幼生の行動特性（とくに鉛直分布・移動，環境特性の鉛直分布と関連した遊泳力の変化）の連関によって決まってくる．

よく知られているように，アサリの主たる生息場所が外海に直接に面することはほとんどなく，東京湾，浜名湖や伊勢湾のように，大部分は外海から遮断された内湾の干潟を中心とした浅海域の狭い範囲にある．したがって，東京湾や伊勢湾にしても，アサリ浮遊幼生は2～3週間の浮遊期間の間に湾全域に輸送・

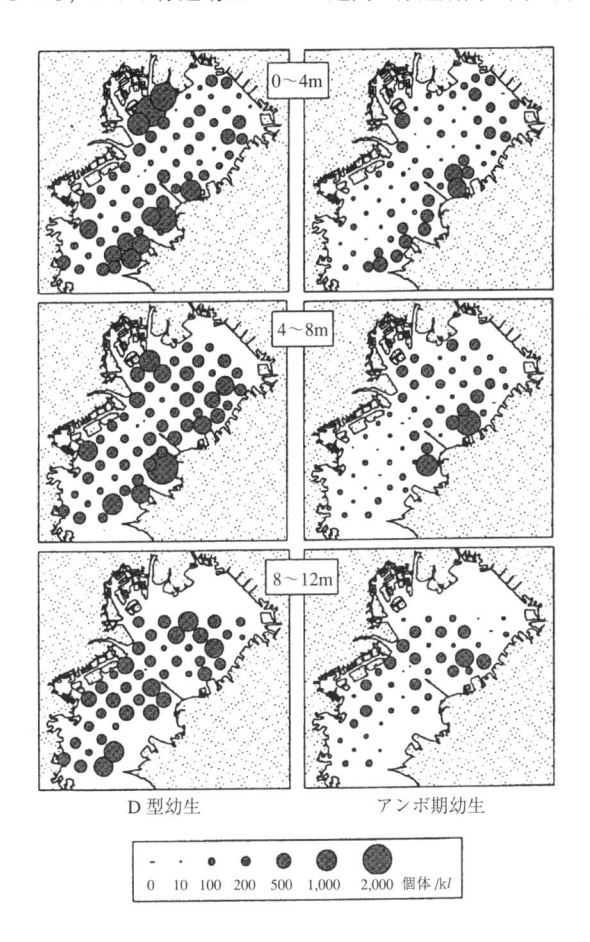

図3・2　東京湾のアサリ *Ruditapes philippinarum* 浮遊幼生の水平分布（夏季）[27]
　　　　0～4m, 4～8m, 8～12m はそれぞれ採水層の深度を示している．

分散されるので，干潟周辺の浅海域に回帰できた浮遊幼生を除けば，湾外に流出した浮遊幼生も含めて，その多くは無効分散に終わるであろう．Kasuyaら[27]によって，東京湾全域でのアサリ浮遊幼生の分布特徴が細かい空間スケールで調査されている(図3・2)．それによれば，東京湾全域にアサリ浮遊幼生は出現し，主要漁場の近辺で浮遊幼生の濃密な分布が確認され，これらの漁場が東京湾のアサリの主要な供給源であるとみなせる．また，アサリ浮遊幼生の中のD型幼生（前期ベリジャー幼生）と殻頂期幼生（後期ベリジャー幼生）の水平分布の比較からも，またコホート分別によるアサリ底生個体群の動態解析からも，これら主漁場間で浮遊幼生の交流が生じていることが，また地域個体群は当該個体群由来の浮遊幼生の回帰によって維持・更新されていることが推測されている[27]．

　実験室内での塩分選択実験では[29]，アサリの受精卵はほとんどが29〜36 psuの高塩分層に沈降し，浮遊幼生は走光性をもたず，トロコフォア幼生は18〜24 psuの低塩分層へ浮上し，D型幼生（前期ベリジャー幼生）の初期には29 psuを中心とした高塩分層へ沈降するが，これ以降はペデイベリジャー幼生になるまで再び徐々に21〜23 psuを中心とした低塩分層へ浮上する傾向を示した．一方，様々の水温・塩分条件に加えて種々の環境変動がみられる現場（有明海東岸）での1昼夜連続観察においては，アサリ浮遊幼生は時空間的に様々の規模と濃度のパッチを構成しており，D型幼生はどちらかといえば低塩分層の表層近くに多く，一方，殻頂期幼生は低塩分層の表層を避け，むしろ水深4〜6 mの中層に分布中心をもち，いずれの幼生期についても明確な日周鉛直移動は観察されていない（図3・3）．主産卵場が把握され，産卵時期，浮遊幼生の浮遊期間や鉛直分布についてのデータが揃えば，沿岸域の流動を再現する診断モデル（計算機の中の海）にアサリ浮遊幼生の分布や行動の特徴をもつ粒子を投入することによって，アサリ浮遊幼生の輸送・分散の経路，ひいては浮遊幼生の供給源を推定することもできる[29,31]．いずれにしても，シミュレーションモデルで推定された結果はあくまでも作業仮説であり，その結果は現場のデータと付き合わせることによって検証されなければならない．しかし，そのような検証が行われた事例は皆無であり，安易にシミュレーションの結果に依存して種々の結論が引き出されているが，このような事態を避ける努力が望ましい．

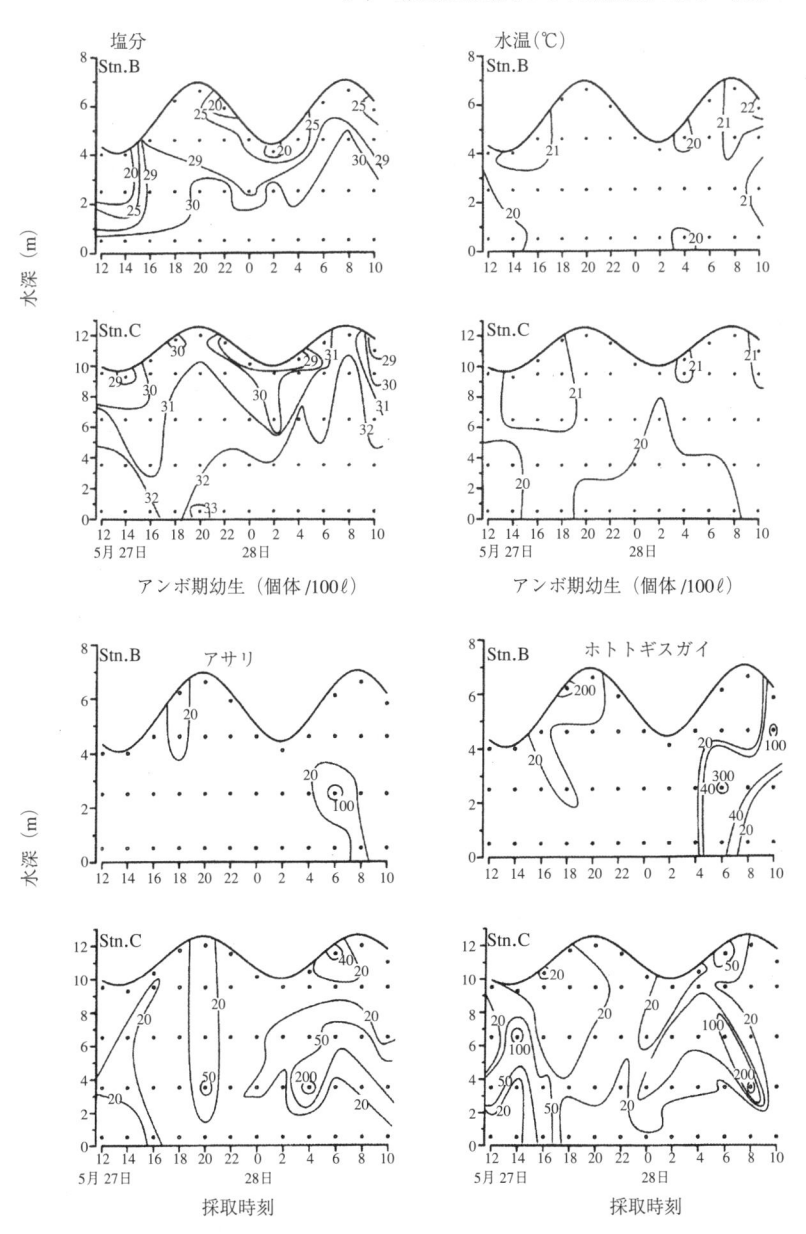

図 3·3 有明海東岸域のアサリ *Ruditapes philippinarum* とホトトギスガイ *Musculista senhousia* の幼生の鉛直分布（春季）[30]

アサリの底生個体群の規模（漁獲量，資源量）を決定している成長段階は，少なくともこれまでの研究を参照する限り[2-6, 28, 32]，地域によって異なっている．例えば，有明海や東京湾ではそれは浮遊幼生の供給量であるが，伊勢湾では浮遊幼生の供給量でも着底量でもなく幼生加入量（殻長に達した個体）であった．したがって，浮遊幼生の輸送・分散に関する研究の意義は，当該のアサリの底生個体群の変動を規定している成長段階がどの段階であるかによって変わってくる．後者のような場合には，浮遊幼生の輸送・分散に関する研究の意義は，地域個体群の動態の解明にあるのではなく，むしろ遺伝子交流を通した地域個体群のネットワークの有無の解明にあると考えるべきであろう．

§4. アサリ浮遊幼生の着底・定着・加入

ある水域にアサリ浮遊幼生の供給があった場合に，次に問題になるのは，浮遊幼生の着底過程である．まず最初に問題になるのは，「浮遊幼生がランダムに着底するのか，あるいはどのような底質や基質に選択的に着底するのか」といった問題である．これまでの室内での観察・実験によれば，多くのベントスの浮遊幼生に選択的な着底が観察されており，好適な着底基質がない場合には，ある程度の期間，着底・変態の準備のできた成熟幼生は着底を遅延させる能力をもっている．

アサリのみならず，一般に海産二枚貝の浮遊幼生はペデイベリジャー幼生の段階において着底するが，浮遊幼生を飼育中に観察していると，ペデイベリジャー幼生は着底―水中へ浮上―着底―水中へ再浮上の繰り返しの一連の行動をとりつつ，その肥大した足で着底基盤の性質を探りつつ，やがて基盤上に定着する．この定着に続いて，肥大した足が退化・縮小し，面盤も消失して，稚貝への変態が完了し，本格的に底生生活に入る．ペデイベリジャー幼生の足は腹面に繊毛が密集した舌状の器官であり（図3・4），先端部から腹側にかけて溝が走り，表皮下には高度に組織された筋肉が認められ，足の基部にある各神経束からそれぞれの部位に神経が延びている[33]．また，種々の感覚器官が足の先端部表面や足糸腺の分泌管内に分布しているのに加えて，種々の異なった生化学的機能をもつ腺細胞（分泌液を出す）が足の各部位にある．ペデイベリジャー幼生の足には高度な感覚器官が集中しており，着底基盤を探査する一連の行動

において，この高度な感覚器官である足が重要な役割を担っている．

　固着性二枚貝のカキ *Ostrea edule* の場合は，ペデイベリジャー幼生の定着に際しては，基盤に固着するためのセメント物質が足の足糸腺の周囲にある腺細胞から分泌され，幼生は基盤上に固着する．一方，アサリなどの自由生活の二枚貝の大部分では，着底・変態直後の着底稚貝あるいは初期稚貝であっても，足糸腺から粘液糸を水中に分泌し，この粘液糸にぶら下がって水の動きに乗って場所を変える現象（secondary settlement）が知られているが[34, 35]，これは糸を空中に放出してそれにぶら下がって空中を移動するクモの場合と類似の現象である．アサリでは成長段階による生息場所の移動がないが，河口域の汽水域に生息するヤマトシジミの場合には，底生個体の成長に伴なって生息場所を変えるので，その際にはこの粘液糸がその役を担っている[8-10]．

図3・4　カキ *Ostrea edulis* のペデイベリジャー幼生（変態期幼生）の足腹面のSEM写真[33]

　ペデイベリジャー幼生は着底を遅延させる能力をもっているが，残念ながら，この現象が野外においてどの程度生じているのかについては，研究はほとんどない．さらに次に問題になるのは，アサリ浮遊幼生の着底量が，「その場所に供給される幼生数に依存しているのか，それとも浮遊幼生の着底と着底稚仔の定着に好適な底質や基質の有無や数量に依存しているのか」といった問題である．とくに後者の場合には，着底・定着に好適な底質や基質があったとしても，浮遊幼生の着底に際して，同種異種を問わず先住の底生個体との相互干渉が生じる．

　アサリを含めて，二枚貝各種の浮遊幼生の着底場所に関する実証的な研究はほとんどないが，木曽三川汽水域から河口近くの浅海域にかけての調査地において，二枚貝4種（ヤマトシジミ，アサリ，ホトトギスガイ，シオフキガイ）の浮遊幼生の着底時期と着底場所の異同が明らかにされている[36]．これら4種の浮遊幼生の出現期は重複し，主に夏から秋に出現したが，各種の着底稚貝では，

一部の期間を除いて，その高密度域が重複することはなく，ヤマトシジミの浮遊幼生の着底場所は汽水域の中・上流域にあるが，他の3種の浮遊幼生の着底場所はいずれも下流域あるいは河口近くの浅海域にあった．ヤマトシジミと他の3種の二枚貝の浮遊幼生の着底場所の相違には，明らかに着底場所の塩分の相違が関係している．他の3種の浮遊幼生の着底場所はいずれも下流域にあるが，出現時期が異なっているので，同時期に各種の着底場所が重複することはない．しかし，ヤマトシジミとは異なって，これら3種の底生期個体は成長段階によって生息場所を変えないので[8,9]，各種の浮遊幼生が異なった時期に着底したとしても，後の成長段階においては各種の生息場所は重複する可能性がある．しかし，細かい空間スケールでみれば，実際にはこれら3種の生息場所はそれほど大きく重複していない．アサリ，ホトトギスガイ，シオフキガイの浮遊幼生の出現盛期が毎年ほぼ重複しているにも拘らず，一部の期間を除いて，これら3種の着底場所が重複していない事実は，幼生の浮遊期間の長短によって結果的に着底場所が異なるのか，種によって着底場所の流速あるいは底質への嗜好性が異なっていることに起因するのか，あるいはこれら3種の間で浮遊幼生の着底場所をめぐる種間干渉が働いているのか，種々のことが推測される．これら3種の着底稚貝以降の底生期個体では生息場所が重複する可能性があるので，これら3種にとって着底場所の重複を避けることが，好適な生息場所を有意に占有する効果をもたらすのかもしれない．しかし，着底場所の選択が，それがどの程度の生態学的な意義を有するかについても，多毛類に比べて，アサリを含めて他の分類群では知見が著しく不足している．

§5. 幼生加入過程と資源変動：アサリと他の二枚貝の比較

筆者を含めて，三重大学生物資源学部の海洋生態学研究室の河口干潟グループは，1990年以来一貫して，伊勢湾西岸の2級河川である安濃川と志登茂川の河口干潟において，河口域が隣接するが底質が全く異なっている2つの河口干潟であるが，そこに優占する二枚貝3種（アサリ，ホトトギスガイ，イソシジミ）の個体群動態を幼生加入過程に焦点を当てながら追求してきた．アサリの生態，とくにその個体群動態の機構とその生態学的意義を理解しようとすれば，アサリだけに焦点を当てて研究するのでは不十分であり，同所的に生息している他

の二枚貝との比較を通してはじめて，アサリの特性がみえてくる．

Sekiguchi ら[2]，Tsutsumi and Sekiguchi[37] と堤・関口[38] は，安濃川と志登茂川の河口干潟において二枚貝の幼生加入過程の調査を行い，上記3種の二枚貝の大型個体の分布特徴を幼生加入過程の把握を通して詳細に検討し，以下のことを明らかにしている．

① 3種の二枚貝がベントス群集の中で優占しており，安濃川ではイソシジミが，志登茂川ではアサリとホトトギスガイが優占している．
② 3種の二枚貝の大型個体の分布特徴は主に，浮遊幼生の着底以降から加入（殻長1.0mmに達すること）までの諸過程によって決定されている．
③ 3種はその各成長段階（浮遊幼生，着底稚貝，稚貝，大型個体）のそれぞれにおいて，密度の季節・年変動が顕著である．

Miyawaki and Sekiguchi[3,4] では，1990年から1996年までの7年間の採集試料を基に，安濃川と志登茂川の河口干潟に優占する上記の二枚貝3種について，各成長段階の密度の長期変動の特徴を明らかにし（図3・5，図3・6），幼生加入過程の把握を通して，これら3種の底生個体群の動態を決定している機構や要因を検討しているので，ここでは主としてこれらの研究の概要を述べる．なお，各成長段階を次のように定義している．浮遊幼生はD型幼生を経過した後期浮遊幼生（殻頂期幼生）を，着底稚貝は殻長0.3mm未満の着底直後の稚貝を，稚貝は殻長0.3mm以上1.0mm未満の個体を，大型個体は殻長1.0mm以上の個体を指すが，各成長段階の採集には，それぞれに適した時空間スケールを考慮して採集方法を工夫している．ここでは，加入を大型個体になることと定義した．

5・1 幼生加入の成否と密度の季節・年変動

ここではアサリにのみ言及する．調査期間中に合計37のコホートが同定された（図3・6）．加入に成功したコホートは22あり，これらのコホートは2つのグループに分けられる．1つは，春から夏にかけて浮遊幼生が着底し，急速に成長して3ヶ月ほどで加入するが，その後3ヶ月ほどで消失するもの（春季着底群）．もう1つは，秋から冬にかけて浮遊幼生が着底し，翌年の春に加入するもの（秋季着底群）．加入に成功したコホートの寿命は，秋季着底群が春季着底群よりも長く，アサリの底生個体群を主に維持・更新しているのは，秋から冬にかけて浮遊幼生が着底し，翌年の春に加入する秋季着底群である．

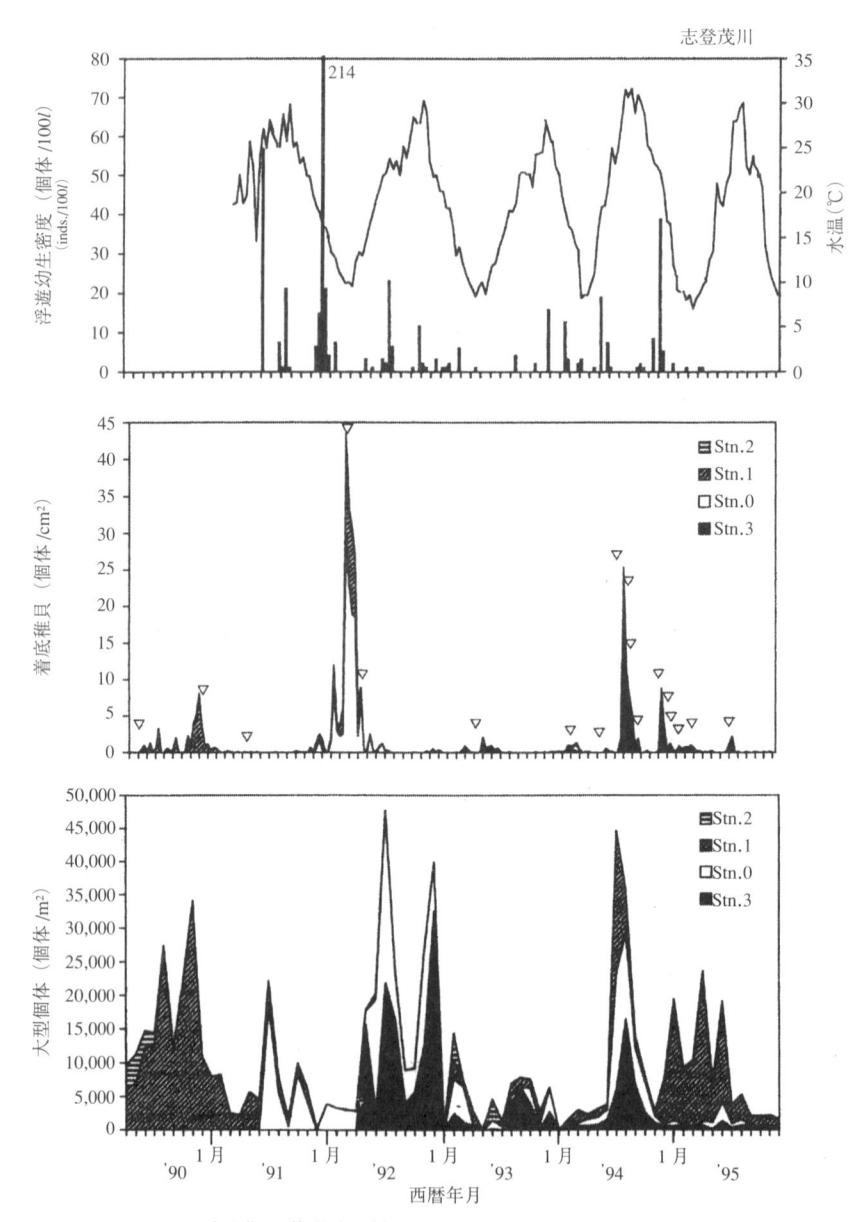

図3・5 志登茂川（伊勢湾西岸）河口干潟のアサリ *Ruditapes philippinarum* 各成長段階の密度の長期変動[3]
　　　図中の三角形は幼生加入に成功したコホートを指す．

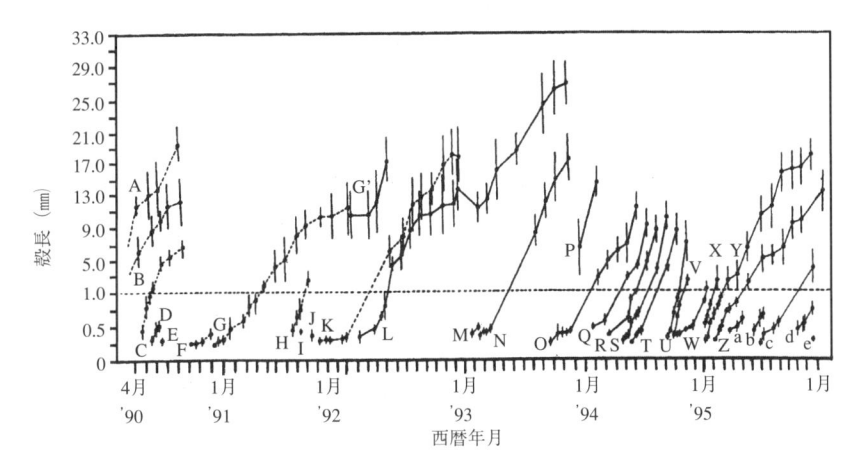

図 3・6 志登茂川（伊勢湾西岸）河口干潟のアサリ *Ruditapes philippinarum* のコホートの変遷[4]
図中のアルファベットは各コホートを示す．

　本邦水域では，アサリは北海道から沖縄まで沿岸浅海域のいたるところに分布しているが，その分布域は，産卵盛期が1回しかない東北・北海道と，産卵盛期が春と秋の年2回以上ある東京湾以南に分けられる．少なくとも，これまでは東京湾以南の分布域において，どちらの産卵期に由来するコホートが底生個体群の形成と維持に貢献しているかに関しての実証的な研究は，東京湾，伊勢湾や有明海におけるいくつかの研究[2-5, 28, 32]を除いてほとんどないが，これらの研究によれば，有明海では春季着底群であり，伊勢湾や東京湾では秋季着底群であった．東京湾や伊勢湾の研究事例では，主として春季着底群がアサリ底生群を形成・維持している年もあった．

　安濃川と志登茂川の河口干潟では，浮遊幼生は多くの年において春から初夏にかけてと秋に多く出現するが，とくに秋にもっとも高密度に出現する．各成長段階の密度には顕著な季節・年変動が認められたが（図3・5），5・2で言及するように，各成長段階の密度が高い特定のコホートを除けば，各成長段階の密度の年変動には明確な対応関係は認めがたい．

　全体を通して，これら3種の二枚貝それぞれにおいて，異なる成長段階の密度の間に統計的に有意な関係は検出できなかった．しかしながら，十分なデータがあるアサリとホトトギスガイそれぞれの密度の大ピーク（総平均値の3倍

以上の密度)に着目すると,浮遊幼生と着底稚貝の密度の大ピークは,大型個体の密度ピークの生起に寄与していた.とくに,アサリとホトトギスガイの密度の大ピークが出現した1994年には,夏の平均水温が30°Cを超えており,これは他の年,とくに1993年以前と比べても,非常に高かった.また,1994年の年間降水量は,7年間の調査期間中の総平均降水量に比べて著しく少なく,この年の密度の大ピークは夏の高水温と低い降水量に起因すると考えられる.アサリの底生個体群を形成・維持しているのは,秋に着底し翌年の春に加入する秋季着底群であった.ホトトギスガイの浮遊幼生は周年出現するが,とくに夏から秋に高密度に出現し,夏から秋に底生個体群に加入している.一方,浮遊幼生が主に秋に出現したイソシジミでは,浮遊幼生は秋に着底し,翌年の春から夏に加入している.

つまり,このことは,調査地においてアサリ,ホトトギスガイおよびイソシジミの3種の二枚貝は同所的に生息しているにも拘らず,異なった生活史戦略をとっていることを示唆している.もちろん,このことには,これら3種の生活型の相違が関与している.アサリとイソシジミはともに埋在性であり,底土中の生息深度はイソシジミのほうがはるかに深いが,両種とも水管を底土直上に出して水中のもしくは底土上の懸濁粒子を摂食する生活型であるのに対して[37,38],ホトトギスガイは底土上で足糸を絡ませて底土に固着するとともに,マット上集団を形成し,水中の懸濁粒子を濾過する生活型をもつ[39,40].これら3種の二枚貝は同所的に生息していても,種間での棲み分けと,その結果としての食い分けが認められる.

5・2 底生個体群の変動機構

Miyawaki and Sekiguchi[4]では,Miyawaki and Sekiguchi[3]のデータをさらに解析し,3種(アサリ,ホトトギスガイ,イソシジミ)の各成長段階の密度の季節・年変動を駆動する要因を明らかにするために,各コホートについて,浮遊幼生量と着底量(着底直後の稚貝の密度で代替)の関係,着底量と加入の成否の関係,着底量と加入量の関係を検証している.また,これらの関係を明らかにすることによって,各成長段階の密度の顕著な季節・年変動(図3・5)を引き起こす機構を解明しようと試みている.ただし,同定されているコホート数が他の2種に比べて極端に少ないイソシジミについては,これらの解析から除外している.

アサリは 13 のコホート，ホトトギスガイでは 27 のコホートについて，浮遊幼生量と着底量を求めることができた．これらのコホートの浮遊幼生量は著しく変動していたが，これら 2 種の全データを解析した結果，浮遊幼生量と着底量の密度の間に統計的に有意な相関関係を検出できなかった．これら 2 種のコホート数は年によって変動したが，着底量を求めることのできたコホート数は，アサリでは 30，ホトトギスガイでは 38 あった．これら 2 種の全データを解析した結果，着底量が大きいといって必ずしも加入に成功するとは限らず，着底量の大小と加入の成否は無関係であった．加入に成功したアサリの 15 のコホート，ホトトギスガイの 19 のコホートについて，着底量と加入量を求めることができた．加入に成功したコホートについては，加入量は着底量に対して密度依存的な関係にあったが，着底から加入までの間の死亡率に密度効果を検出できなかった．

これら 2 種の二枚貝（アサリ，ホトトギスガイ）の加入に成功したコホートでは，加入前の降水量と加入時の降水量の間には，統計的に有意な差は認められなかった．しかし，加入に失敗したコホートの降水量は，加入に成功したコホートの降水量よりも統計的に有意に大きかった．

以上のことをまとめると，大型個体の密度変動は次の 2 段階によって規定されている．最初に，① 非予測的な環境攪乱への遭遇の有無によってコホートの加入の成否が決まり，次に，② 加入に成功したコホートの加入量の変動は着底量の増減によって生じている．言い換えると，底生個体群の密度の変動は加入量によって決定されているが，偶然に加入に成功したコホートが高密度の浮遊幼生量もしくは高密度の着底量もつために，あるいは逆に，低密度の浮遊幼生量もしくは低密度の着底量もつために，それが大型個体の密度の季節・年変動に反映されることによって大型個体の顕著な季節・年変動が生じていた．

Olafsson ら[41]と Caley ら[42]の総説中に引用されている諸研究を考慮しても，筆者が明らかにしてきたアサリとホトトギスガイのデータとその解析に基づく結論は[2-5]，汽水域のヤマトシジミや沖縄の海草場でのホソスジヒバリガイの幼生加入過程に関する研究成果も含めて[8-10,43]，かなり予想外であった．これらの結果が他の潮間帯の二枚貝の底生個体群に当てはまるか否かはすぐには明らかではないが，潮間帯のフジツボ類を扱った Sutherland[44]や Michinton and Scheibling[45]は，着底後の死亡は密度独立的であったことを論じている．これま

での研究では[1,44-47]，潮間帯のフジツボ類の個体群の分布や規模は，主に浮遊幼生の着底率が高いときには着底後に働く密度依存的な過程によって，また着底率が低いときには浮遊幼生の着底の時空間変動によって，決定されていることを示している．

文　献

1) J. Roughgarden, S. D. Gaines, and H. Possingham: Recruitment dynamics in complex life cycle, Science, 241, 1460-1466 (1988).
2) H. Sekiguchi, M. Uchida, and A. Sakai: Post-settlement processes determining the features of bivalve assemblages in tidal flats, Benthos Res., 49, 1-14 (1995).
3) D. Miyawaki and H. Sekiguchi: Interannual variation of bivalve populations on temperate tidal flats, Fisheries Sci., 65, 817-829 (1999).
4) D. Miyawaki and H. Sekiguchi: Long-term observations on larval recruitment processes of bivalve assemblages on temperate tidal flats, Benthos Res., 55, 1-16 (2000).
5) R. Ishii, H. Sekiguchi, Y. Nakahara, and Y. Jinnai: Larval recruitment of the manila clam Ruditapes philippinarum in Ariake Sound, southern Japan, Fisheries Sci., 67, 579-591 (2001a).
6) R. Ishii, S. Kawakami, H. Sekiguchi, Y. Nakahara, and Y. Jinnai: Larval recruitment of the mytilid Musculista senhousia in Ariake Sound, southern Japan, Venus, 60, 37-55 (2001b).
7) A. J. Underwood, and M. J. Keough: Supply-side ecology: the nature and consequences of variations in recruitment of intertidal organisms. In Marine Community Ecology (eds. M. K. Bertness, S. D. Gaines and M. E. Hay), Sinauer Associates, Massachusetts, 2000, pp. 183-200.
8) R. Nanbu, E. Yokoyama, T. Mizuno, and H. Sekiguchi: Spatio-temporal variations in density of different life stages of a brackish water clam Corbicula japonica in the kiso estuaries, central Japan, J. Shellfish Res., 24, 1067-1078 (2005).
9) R. Nanbu, E. Yokoyama, T. Mizuno, and H. Sekiguchi: Larval settlement and recruitment of a brackish water clam, Corbicula japonica, in the Kiso estuaries, central Japan, Amer. Malac. Bull., 22, 143-155 (2007).
10) R. Nanbu, T. Mizuno, and H. Sekiguchi: Post-settlement growth and mortality of brackishwater clam Corbicula japonica in the Kiso estuaries, central Japan, Fisheries Sci., 74, 1254-1268 (2008).
11) K. Muus: Settlement, growth and mortality of young bivalves in the Oresund, Ophelia, 12, 76-116 (1973).
12) K. K. Chew: Global bivalve shellfish introduction, World Aquaculture, 21, 9-15 (1990).
13) 常　清秀：JAS法改正下のアサリ流通，農業・食料経済研究, 49, 13-24 (2003).
14) 大越健嗣：輸入アサリに混入して移入する生物―食害生物サキグロタマツメタと非意図的移入種, 日本ベントス学会誌, 59, 74-82 (2004).
15) 関根　寛・山川　紘・髙沢進吾・林　影評・鳥羽光春：日本および中国沿岸域におけるアサリCOX1遺伝子の地理的変異, Venus, 65, 229-240 (2006).

16) K. Vargas, K., Y. Asakura, M. Ikeda, N. Taniguchi, Y. Obata, K. Hamasaki, K. Tsuchiya, and S. Kitada: Allozyme variation of littleneck clam *Ruditapes philippinarum* and genetic mixture analysis of foreign clams in Ariake Sea and Shiranui Sea off Kyushu Island, Japan, *Fisheries Sci.*, 74, 533-543 (2008).

17) 全国沿岸漁業振興開発協会：増殖場造成計画指針 ヒラメ・アサリ編（平成8年度版），全国沿岸漁業振興開発協会，1997，316 pp.

18) 関口秀夫・石井 亮：有明海の環境異変—有明海のアサリの漁獲量激減の原因について—，海の研究, 12, 21-36（2003）.

19) 佐々木克之：アサリの水質浄化の役割，水環境学会誌, 24, 13-16（2001）.

20) 堤 裕昭・石澤紅子・富重美穂・森山みどり・坂元香織・門谷 茂：緑川河口干潟における盛土後のアサリ（*Ruditapes philippinarum*）の個体群動態，日本ベントス学会誌, 57, 177-187（2002）.

21) 玉置昭夫：ベントスに関すること—とくにアサリ漁獲量激減に関連して，水環境学会誌, 27, 13-18（2004）.

22) 松川康夫・張 成年・片山知史・神尾一郎：我が国のアサリ漁獲量激減の要因について，日水誌, 74, 137-143（2008）.

23) 伊藤嘉昭・村井 実：動物生態学研究法（上），古今書院, 1977, 268 pp.

24) T. Royama: Analytical population Dynamics, Chapman & Hall, London, 1992, 371 pp.

25) T. Royama: A fundamental problem in key factor analysis, *Ecology*, 77, 87-93（1996）.

26) 鳥羽光晴・アサリ幼生の成長速度と水温の関係，千葉県水試研報, 50, 17-20（1992）.

27) T. Kasuya, T., M. Hamaguchi, and K. Furukawa: Detailed observation of spatial abundance of clam larva *Ruditapes philippinarum* in Tokyo Bay, central Japan, *J. Oceanogr.*, 60, 631-636（2004）.

28) M. Toba, H. Yamakawa, Y. Kobayashi, Y. Sugiura, K. Honma, and H. Yamada: Observation on the maintenance mechanisms of metapopulations, with special reference to the early reproductive process of the manila clam *Ruditapes philippinarum*（Adams & Reeve）in Tokyo Bay, *J. Shellfish Res.*, 26, 121-130（2007）.

29) 石田基雄・小笠原桃子・村上知里・桃井幹夫・市川哲也・鈴木輝明：アサリ浮遊幼生の成長に伴う塩分選択行動特性の変化と鉛直移動様式再現モデル, 水産海洋研究, 69, 73-82（2005）.

30) R. Ishii, H. Sekiguchi, and Y. Jinnai: Vertical distributions of larvae of the clam *Ruditapes philippinarum* and the striped horse mussel *Musculista senhousia* in eastern Ariake Bay, southern Japan, *J. Oceanogr.*, 61, 973-978（2005）.

31) 鈴木輝明・市川哲也・桃井幹夫：リセプターモードモデルを利用した干潟域に加入する二枚貝浮遊幼生の供給源予測に関する試み—三河湾における事例研究—, 水産海洋研究, 66, 88-101（2002）.

32) 柴田輝和：東京湾盤洲干潟におけるアサリ稚貝の着底と成長，生残，千葉県水研研報, 3, 57-62（2004）.

33) H. J. Cranfield: A study of the morphology, ultrastructure, and histochemistry of the foot of the pediveliger of *Ostrea edulis*, *Mar. Biol.*, 22, 187-202（1973）.

34) J. B. Sigurdsson, C. W. Titman, and P. A. Davies: The dispersal of young post-larval bivalve mollusks by byssus threads, *Nature*, 262, 386-387（1976）.

35) D. J. W. Lane, A. R. Beaumont, and J. R. Hunter: Byssus drifting and the drifting threads of the young post-larval mussel *Mytilus edulis*, *Mar. Biol.*, 84, 301-308（1985）.

36) 南部亮元・水野知巳・川上貴史・久保田薫・関口秀夫：木曽三川感潮域における二枚貝浮遊幼生の着底場所および着底時期，

日水誌, 72, 681-694 (2006).
37) Y. Tsutsumi, Y. and H. Sekiguchi: Spatial distributions of larval, newly-settled, and benthic stages of bivalves in subtidal areas adjacent to tidal flats, *Benthos Res.*, 50, 29-37 (1996).
38) 堤 康夫・関口秀夫：河口干潟における二枚貝類の着底稚貝と稚貝および成貝の分布, 水産海洋研究, 60, 115-121 (1996).
39) 伊藤信夫・梶原 武：横須賀港におけるホトトギスガイの生態 –II 足糸および足糸マットの構造, 付着生物研究, 3, 43-46 (1981).
40) T. Kimura, T. and H. Sekiguchi: Some aspects of population dynamics of a mytilid *Musculista senhousia* (Benson) on tidal flats, *Benthos Res.*, 44, 29-40 (1993).
41) E. B. Olafsson, C. H. Peterson, and W. G. Ambrose: Does recruit structure populations and communities of macro-invertebrates in marine soft sediment: The relative significance of pre- and post-settlement processes, *Oceanogr. Mar. Biol. Annu. Rev.*, 32, 65-109 (1994).
42) M. J. Caley, M. H. Carr, H. A. Hixon, T. P. Hughes, G. P. Jones, and B. A. Menge: Recruitment and local dynamics of open marine populations, *Annu. Rev. Ecol. Syst.*, 27, 477-500 (1996).
43) H. Ozawa, T. kimura, and H. Sekiguchi: Larval recruitment of the tropical mussel *Modiolus philippinarum* (Bivalvia: Mytilidae) in seagrass beds, *Venus*, 65, 203-220 (2006).
44) J. P. Sutherland: recruitment regulates demographic variation in a tropical intertidal barnacle, *Ecology*, 71, 955-972 (1990).
45) T. E. Michinton and R. E. Scheibling: The influence of larval supply and settlement on the population structure of barnacle, *Ecology*, 72, 1867-1879 (1991).
46) S. D. Gaines and J. Roughgarden: Larval settlement rate: a leading determinant of structure in an ecological community of the marine intertidal zone, *Proc. Natl. Acad. Sci. USA*, 82, 3707-3711 (1985).
47) S. D. Gaines, S. Brown, and J. Roughgarden: Spatial variation in larval concentrations as a cause of spatial variation in settlement for the barnacle, *Balanus glandula, Oecologia*, 67, 267-272 (1985).

4章　底質の安定性からみた好適アサリ生息場環境

桑原久実[*1]

§1. わが国におけるアサリの生産量

アサリは，われわれ日本人にとって馴染み深い食材であるが，残念ながら，毎年，生産量は減少傾向にある．図4·1は，漁業・養殖業生産統計年報[1]に基づくわが国のアサリ漁獲量を示している．全国合計は，1980年代以前では年間十数万t前後の生産量が得られていたものが，最近の十数年間は3～4万tと低い値が続いている．地域別にみると，それらの傾向に多少の相違は認められるものの，全国合計とほぼ同様な傾向にあり，いずれも回復する兆しがみられない．

このような状況の中，平成15年に水産関係の研究機関や行政機関が中心となって，アサリ資源全国協議会が設立された．協議会では，多くの関係者による度重なる議論を経て，「提言：国産アサリの復活に向けて」(2006年3月)[2]が提出された．この提言には，アサリ生産の現状と問題点がまとめられるとともに，資源の復活と安定的生産に向けた具体的な方策が示されている．資源回復に向けた方策は，6項目あり，その第1番目は，場の造成と維持になっている．筆者らの研究グループでは，場の造成と維持の中でも，とくに，アサリ稚貝の生残を高めることが，その後のアサリ資源増大に大きく寄与することが予想されることから，アサリ稚貝に焦点を当てた場の造成や維持に関する調査研究を進めている．本章では，アサリ稚貝の好適な環境条件について，物理的な観点から検討したので報告する．

なお，「提言：国産アサリの復活に向けて」は，これまでの反省や今後の方向性が具体的に示されている．下記よりダウンロードできるので，お読みいただければ幸いである．

http://www.jfa.maff.go.jp/panf/asari% 20teigen.pdf

[*1]　(独) 水産総合研究センター　水産工学研究所

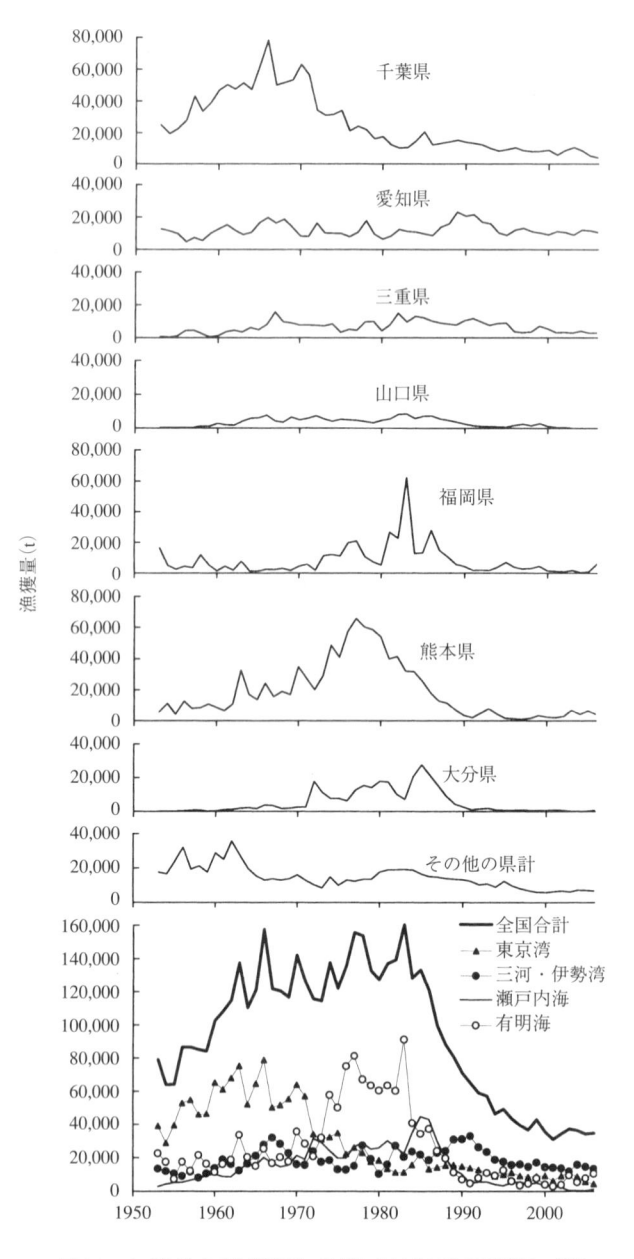

図 4・1　わが国および主要各県，地域におけるアサリ漁獲量の推移

§2. アサリ稚貝の生残率を高める対策の現状

　アサリの稚貝は，種々の要因による減耗が予想される．その中でも，波・流れによって，アサリ稚貝が受動的に動かされ，好ましくない場所に追いやられて減耗することが考えられる．この要因による減耗がどの程度なのか，また，この減耗過程の詳細な調査結果は，今のところみあたらない．しかし，従来から行われてきた稚貝調査からわが国におけるアサリ稚貝減耗の主要因の1つと考えられる．

　アサリ稚貝の生残を高めることを目的に，従来から口絵2のような覆砂，網掛け，石原，柵立てなど施工されてきた．これらは，いずれもアサリ稚貝を物理的に安定した環境下におくことを意図したものであり，その手法としては，①構造物で波や流れを減衰させるもの，②干潟上に敷設して底質の安定性を高めるものに大別できる．しかし，数多く実施されてきたにも拘らず，成功した事例を別の海域に導入しても効果が現れなかったり，効果の発現期間が短かったりと問題が生じており，今なお試行錯誤が続いている状況にある．

　このような背景から，波や流れからアサリ稚貝が安定に留まるために必要な条件を理論的に解明し，それに基づいた評価手法や指針づくりが，緊急な課題となっている．

§3. アサリ稚貝の移動評価

　干潟は，波と流れが共存する場であり，底質は種々の粒径砂で構成され，底面形状は砂漣や砂浪が形成されることが多い．このような環境下におけるアサリ稚貝の移動評価は，潜砂などのアサリの自動力を除外し粒子として取り扱うならば，水理学の流砂や漂砂の理論を利用して求めることができる．外力によってアサリ稚貝を動かす力が，アサリ稚貝の止まる力（自動力を除外）よりも大きい場合は移動が生じ，その逆の場合は停止する．また，移動状態は，底面上を滑ったり転がったりする掃流移動と水中に完全に浮遊して移動する浮遊移動がある．ここでは，アサリ稚貝の移動モードである停止，掃流，浮遊の評価する方法について示す．

3・1　波・流れ共存場の摩擦速度

　波による海底面での摩擦速度 u^*_w は，微小振幅波理論により次式で求まる．

$$u^*_w = \sqrt{\frac{1}{2} f_w U_m^2} \quad (1)$$

$$U_m = A \frac{2\pi}{T} \quad (2)$$

$$A = \frac{H}{2} \frac{1}{sinh(2\pi h/L)} \quad (3)$$

$$f_w = exp(0.5(\frac{k_s}{A})^{0.2} - 6.3) \quad (4)$$

ここに，U_m：底面波浪流速，H：波高，L：波長，T：波の周期，h：水深，f_w：波に対する摩擦係数，k_s：粗度係数である．粗度係数は，一般に底質の粒径（例えば中央粒径d_{50}など）が用いられるが，波浪により砂漣が形成すると底面粗度が大きくなるため，この影響を考慮する必要がある．ここでは，詳細な解説は省略するが，波による摩擦速度u^*_wや底質の安定性を示すシールズ数などの関数から砂漣高と砂漣長を計算し，これらから砂漣の影響を考慮した摩擦係数を算定する方法が提案されている[3]．

流れによる底面の摩擦速度u^*_cは，次式より求まる．

$$u^*_c = \sqrt{\frac{1}{2} f_c U^2} \quad (5)$$

$$f_c = \frac{0.06}{(log(12h/k_s))^2} \quad (6)$$

ここに，U：流れの流速，f_c：流れに対する摩擦係数である．

それぞれ求められた波および流れの摩擦速度は，次式により合成され，波・流れ共存場の摩擦速度u^*_{wc}が求まる．これが，アサリ稚貝を移動させる力となる．

$$u^*_{wc} = (u^{*2}_w + u^{*2}_c)^{0.5} \quad (7)$$

3・2 アサリ稚貝の限界摩擦速度

アサリ稚貝が止まる力（自動力を除外）を求める場合，まず，次式の粒子レイノルズ数Reを計算する．

$$Re = \frac{d_s\sqrt{(\rho_s - 1)gd_s}}{\nu} \quad (8)$$

ここに，d_s：粒子の直径，ρ_s：粒子の比重，ν：動粘性係数，g：重力加速度である．

この粒子レイノルズ数を用いると，次式により限界シールズ数 θ_c が求まる[4]．

$$\theta_c = \begin{cases} 0.24(Re^{2/3})^{-1} & Re^{2/3} \leq 4 \\ 0.14(Re^{2/3})^{-0.64} & 4 \leq Re^{2/3} < 10 \\ 0.04(Re^{2/3})^{-0.1} & 10 \leq Re^{2/3} < 20 \\ 0.013(Re^{2/3})^{0.29} & 20 \leq Re^{2/3} < 150 \\ 0.055 & 150 \leq Re^{2/3} \end{cases} \quad (9)$$

アサリ稚貝と底質の粒径が異なる場合は，遮蔽・露出効果を考慮する必要があるためEgiazaroff[5]による次式を用いて限界シールズ数を修正する．この修正によって，遮蔽されている場合，安定性は増加するため限界シールズ数は大きくなり，露出している場合，安定性は減少するため小さくなる．

$$\theta'_c = \xi_c \theta \quad (10)$$

$$\xi = \frac{1.66667}{(\log(19 d_s / d_{50}))^2} \quad (11)$$

ここに，d_{50}：底質の中央粒径，ξ：修正係数である．

アサリ稚貝の限界摩擦速度 u^*_{cr} は，次式から求まる．この値は，アサリ稚貝が停止から掃流移動を開始する，またはその逆の限界を示している．

$$u^*_{cr} = \sqrt{(\rho_s - 1) g d_s \theta'_c} \quad (12)$$

3・3 アサリ稚貝の沈降速度

アサリ稚貝の沈降速度 w は，次式の van Rijn の式[6]を用いて求める．この値は，アサリ稚貝が掃流から浮遊移動を開始する，またはその逆の限界を示している．

$$\frac{w}{\sqrt{(\rho_s - 1)g}} = \begin{cases} Re/18 & d_s \leq 100\,\mu m \\ (\sqrt{1 + 0.01 Re^2} - 1) 10 / Re & 100\,\mu m < d_s \leq 1000\,\mu m \\ 1.1 & 1000\,\mu m < d_s \end{cases} \quad (13)$$

3・4 アサリ稚貝の移動評価方法

アサリ稚貝の移動モードは，上で求めた波・流れによる摩擦速度 u^*_{wc} とアサリ稚貝の限界摩擦速度 u^*_{cr} および沈降速度 w の関係から移動モードを示すことができる[4]．すなわち，$u^*_{wc} \leq u^*_{cr}$ の場合，アサリ稚貝は，その場で停止する．$u^*_{cr} < u^*_{wc} \leq w$ の場合は，掃流移動し，$u^*_{wc} > w$ の場合，浮遊移動する．このように，各数値の大小関係で，アサリ稚貝の移動モードを明らかにすることが

できる．後述するアサリ稚貝の移動評価図（図4·3）を用いると，容易に理解することができる．

なお，これまで，アサリ稚貝を対象に説明してきたが，アサリ稚貝を砂粒子に置き換えると，同様な方法で底質の移動モードを評価することが可能である．

§4. 本手法の妥当性

千葉県の鳥羽らは，2004年7月7日と8月17日に千葉県盤洲干潟でアサリ稚貝の移動実態調査を実施した．調査は，流速計と円筒形トラップ（直径41mm，長さ200mm）を海底に埋設し，底面近傍の流動観測と円筒内にトラップされるアサリ稚貝の採取を20分ごとに行った．流動観測はCOMPACT-EM（アレック電子）を用い，バースト間隔20分，測定間隔0.5秒，観測数600個で実施した．得られたデータは，川俣茂氏作成のTSMaster（http://cse.fra.affrc.go.jp/matasan/home_page.html）を用いて，流動の変動成分（波）と移流成分（流れ）に分離し[7]，バーストごとの波および流れの底面摩擦速度を上述した方法で計算した．また，アサリ稚貝の平均殻長は7月7日で約0.5mm，8月17日で約0.9mm，底質の中央粒径はどちらも約0.25mmであり，これらを用いてアサリ稚貝の限界摩擦速度や沈降速度を求めた．

図4·2は，この調査におけるアサリ稚貝の移動評価図を示している．横軸は波による底面摩擦速度 u^*_w，縦軸は流れによる底面摩擦速度 u^*_c であり，図中の曲線は，アサリ稚貝の限界摩擦速度 u^*_{cr} を表し，この曲線を超えると掃流移動を開始することになる．上図は7月7日，下図は8月17日の状況を示し，図中にプロットした凡例の円の大きさは，トラップに採取されたアサリ稚貝の個体数と対応している．

両日ともに，アサリ稚貝の掃流移動限界を示す曲線を超えない領域では，アサリ稚貝の移動は少なくトラップに採取された個体数は少ないが，この曲線を超えた領域では稚貝の移動が多くなりトラップ採取される稚貝数は増大している．これは，本評価手法は，現地におけるアサリ稚貝の移動や停止を精度よく表すことを示しており，本手法の妥当性が得られたものと考えられる．

4章 底質の安定性からみたアサリ好適生息場環境 67

7月7日（稚貝の平均殻長：0.5mm）

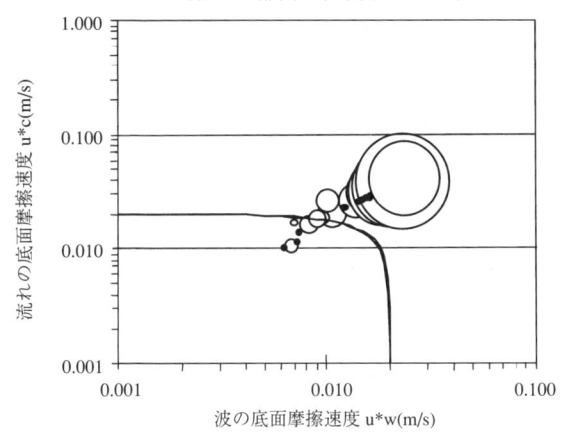

8月17日（稚貝の平均殻長：0.9mm）

アサリ稚貝数
◯：100個　◯：10個　●：0個　―：掃流限界

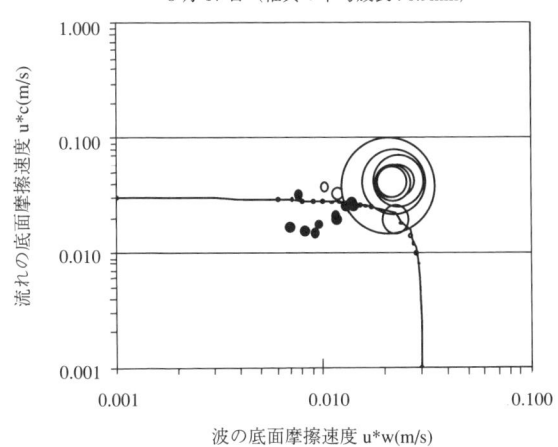

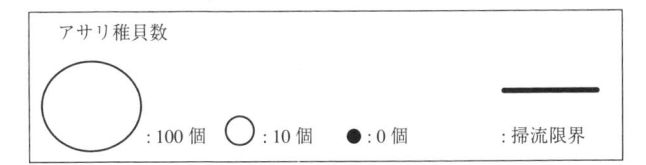

図4・2　現地調査データを用いたアサリ稚貝移動評価手法の妥当性について

§5. アサリ稚貝の定着促進方法の考え方

アサリ稚貝の移動評価図を用いて，稚貝の定着促進対策について考察する．

図4・3は，アサリ稚貝の移動評価図であり，図中には，掃流移動，浮遊移動の限界曲線も示してある．今，調査対象地点がA点の状況にあるものと仮定する．この状況下では，アサリ稚貝は掃流移動状態にあることがわかる．この移動を停止させ安定した状態にするためには，次の2つの方法が考えられる．1番目は，対象地点に作用する波や流れを小さくして，摩擦速度を減少させて，A点を（矢印の方向に移動させ）曲線内の安定領域に移動させる方法（①）である．これは，対象地点の沖側に潜堤や竹柵などの設置が考えられる．2番目は，海底面に敷設材をある面積設置して，敷設材の遮蔽効果によりアサリ稚貝の安定性を増加させ（掃流移動の限界曲線を矢印の方向に移動させ），A点を安定領域に取り込む方法（②）である．これは，粒径の大きな砂の覆砂，砕石，貝殻，被服網の設置が考えられる．

また，この図を用いることにより，①や②の対策を実施する場合，今までの試行錯誤ではなく，現状からどの程度流動を小さくすればよいのか，また，どの程度底質の安定性を高めればよいのか，定量的に求めることが可能となる．

§6. 今後の課題

ここで示したアサリ稚貝の移動評価は，アサリ稚貝に注目してその安定性を評価してきた．一般に，アサリ稚貝は底質表面や底質内部に分布することから，本来は，アサリ稚貝が生息する場の安定性を評価してから，アサリ稚貝の安定性を評価する必要がある．これについては，現在検討中であり，後日報告する予定である．

また，ここでは，動物であるアサリ稚貝を粒子としていた．潜砂や足糸などの影響を考慮すれば，本評価結果よりも，さらに稚貝の安定性が向上することが予想される．本評価手法は，活力が弱り自動力を失った稚貝においても移動を抑え安全に保つことになるが，過剰に安全な対策にならないように注意が必要である．

さらに，本手法では，波や流れから稚貝の移動を防ぎ，海域の静穏化を提案している．しかし，閉鎖性が強くなりすぎると，水質や底質の悪化を招き，かえっ

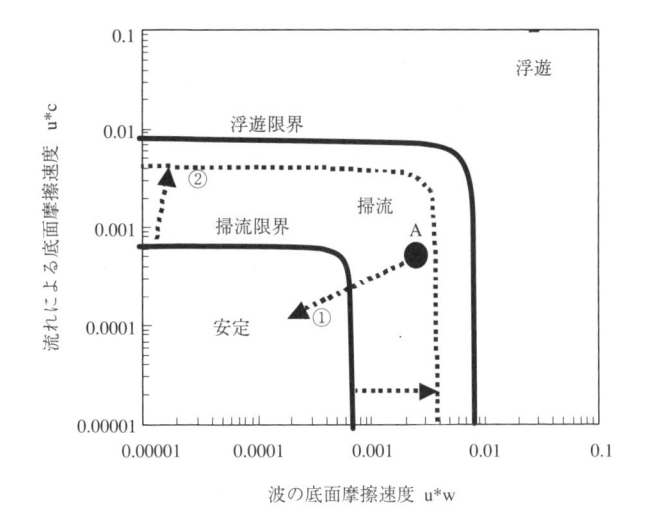

図4·3 アサリ稚貝の定着促進対策の考え方
実線は掃流限界曲線(内側)と浮遊限界曲線(外側)を,点線は,対象地点A(黒丸)に作用する流動環境を緩和する対策①と敷設材などによる遮蔽効果をもたせる対策②を示す.

てアサリ稚貝にとって好ましくない環境になることも考えられるので注意する必要がある.

現在,水産工学研究所に新設した大型回流水槽を用いて,これまでに実施されてきた砕石,被覆網などの対策技術の適用範囲について,検討を進めている[*].

今後,より多くのアサリ稚貝を減耗から護るためには,掃流移動状態にあるアサリ稚貝の移動経路を予測し,その主な通過経路に①や②の対策施設を設置することが効果的と考えられる.これには,数値解析などを用いて干潟の流動場を計算し,アサリ稚貝の移動経路を予測する手法開発が必要である.

本研究を進めるに当たって熱心に協力いただいた日本データーサービスの山内功氏(当時共同研究員),東京久栄の田中良男氏(当時共同研究員)にお礼申し上げる.

---

[*] 桑原久実・田中良男・斉藤 肇・南部亮元:一様流下において底質特性がアサリ稚貝の安定性に与える影響,日本水産工学会学術講演会講演論文集,pp.101-104,2008.

文　献

1) 農林水産省統計情報部:昭和28年度〜平成18年度漁業養殖業生産統計年報, 農林統計協会, 1953〜2007.
2) アサリ資源全国協議会・水産庁・水産総合研究センター:提言　国産アサリの復活に向けて, 29pp. 2006.
3) S.M. Glenn and D. Grant:A suspended sediment correction for combined wave and current flows, *J. Geophys. Res.*, 92, 8244-8264 (1987).
4) Leo C.van Rijn:Sediment transport part Ⅱ : Suspended load transport , *J. Hydraul. Eng.*, 110, 1613-1641 (1984).
5) I.V.,Egiazaroff: Calculation of nonuniform sediment concentrations, *J. Hydraul. Div.*, 91, 225-248 (1965).
6) Leo C.van Rijn: Sediment transport part Ⅰ Bed load transport, *J. Hydraul. Eng.*, 110, 1431-1456 (1984).
7) 独立行政法人水産総合研究センター水産工学研究所:平成17年度 水産工学関係試験研究推進特別部会 水産基盤整備分科会報告書〜二枚貝稚貝期における流動による輸送と生残について〜, 20pp. 2005.

III. 貧酸素水塊が与える影響とその対策

5章　三河湾における貧酸素水塊形成過程の数値解析

中田喜三郎[*1]・山本祐也[*2]

　日本の人口が密集している沿岸水域で，水質悪化の問題として度々とり上げられるのが，赤潮と貧酸素水塊の発生である．この赤潮と貧酸素水塊の発生する過程には，非常に密接な関係が成り立っている．

　河川からの負荷量の増加や，埋め立てによる干潟・浅場域の減少によって富栄養化し，赤潮が発生し始めると，大量の有機物が沈降し海底に堆積する．堆積した有機物は，バクテリアにより無機化される時酸素が消費され，酸素の供給が消費に追いつかなくなると，貧酸素水塊を発生させる．また，埋め立てにより干潟・浅場域が減少することで，そこに生息する二枚貝などの懸濁物食者も減少する．水中の懸濁態有機物を取り込む懸濁物食者が減少するので，堆積していく有機物の量が増加し，酸素消費が大きくなると考えられる．

　例えば，東京湾では1960年代から1970年代後半にかけて，約15,000 haの埋め立てが行われており，干潟・浅場域も減少している．そして，赤潮の発生も1960年代から1970年代にかけて大幅に増加しており，青潮も1968年以降から発生が確認されている[1]．また，今回，研究の対象とした三河湾でも同様に1960年代から大規模な埋め立てが行われ，1970年代後半には干潟面積が三河東部の渥美湾で，1950年以前の2,000 haから約1,000 haまで減少しており，1970年代から赤潮が増加し，青潮の発生も確認されている[2]．貧酸素水塊の発生は，底生性の水産有用生物に悪影響を及ぼしており，ガザミやナマコ，アカガイなどの漁獲量が1970年代後半以降減少している．

　このように，埋め立てによる干潟・浅場域の減少と赤潮・貧酸素水塊の形成は因果関係があると考えられている[3]．したがって，この因果関係を定量的に立

[*1] 東海大学海洋学部
[*2] （株）環境総合テクノス

証することが環境修復を考える際の重要な要素となる．貧酸素水塊形成の主な原因と考えられている，負荷量の増加と干潟，浅場の減少とを相対評価するために数値モデルを使用し，過去から現在に至るまでの底層での溶存酸素濃度の変化を解析し，とくに貧酸素水塊形成の主たる要因は何かを探ることは重要である．本章では三河湾の貧酸素水塊の発生過程に着目し，数値モデルを用いて1960年代から1990年までを解析期間とし，この期間に生じたイベント（流入負荷量の変化，埋め立てによる干潟・浅場域の減少，懸濁物食者の減少）をモデルに入力し，三河湾の貧酸素水塊の形成の主要因について解析した結果を述べていく．

§1. 三河湾の貧酸素水塊の形成過程モデル

1961年から1990年の期間を対象として，三河湾の貧酸素水塊形成過程の解析を行う（この期間の計算を今後，本計算と呼ぶ）．ただし，この解析期間のモデルに入力するデータ，とくに生態系モデルに関連するデータは非常に少ない．そこで，比較的三河湾のデータが利用できる2002年を基準として水質の再現を行った．そして，本計算に必要なデータは，2002年のデータを基準とし間接的に算出した．詳細は山本ら[4]を参照されたい．

1·1 使用モデル

今回の解析で使用したモデルに関して，流動場はTaguchi and Nakata[5]の流動解析モデルを，生態系に関してはNakataら[6]の生態系モデルを使用した．生態系モデルの模式図は図5·1に示す．

また，貧酸素水塊の形成を考える上で，有機物の沈降と堆積物表層の酸素消費量の影響を考えることは重要である．堆積物による酸素消費量に関してはモデルでは，水温T（℃）とDO（mgO_2/l）の関数から，堆積物（底泥）の酸素消費量k_B（$mgO_2/m^2/$日）として算出している．

観測や実験などから，近年での酸素消費速度定数はモデルに与えることができるが，今回計算を行う1960年代などでは，正確な酸素消費速度定数を知ることは難しい．

そこで，本計算期間の酸素消費速度定数は，生態系モデルで計算された底泥への有機物の沈降量の結果を利用し，Berner[7]の続成方程式を用いた続成過程モデルCANDI[4,8,9]で算出した酸素消費速度から間接的に求めた．

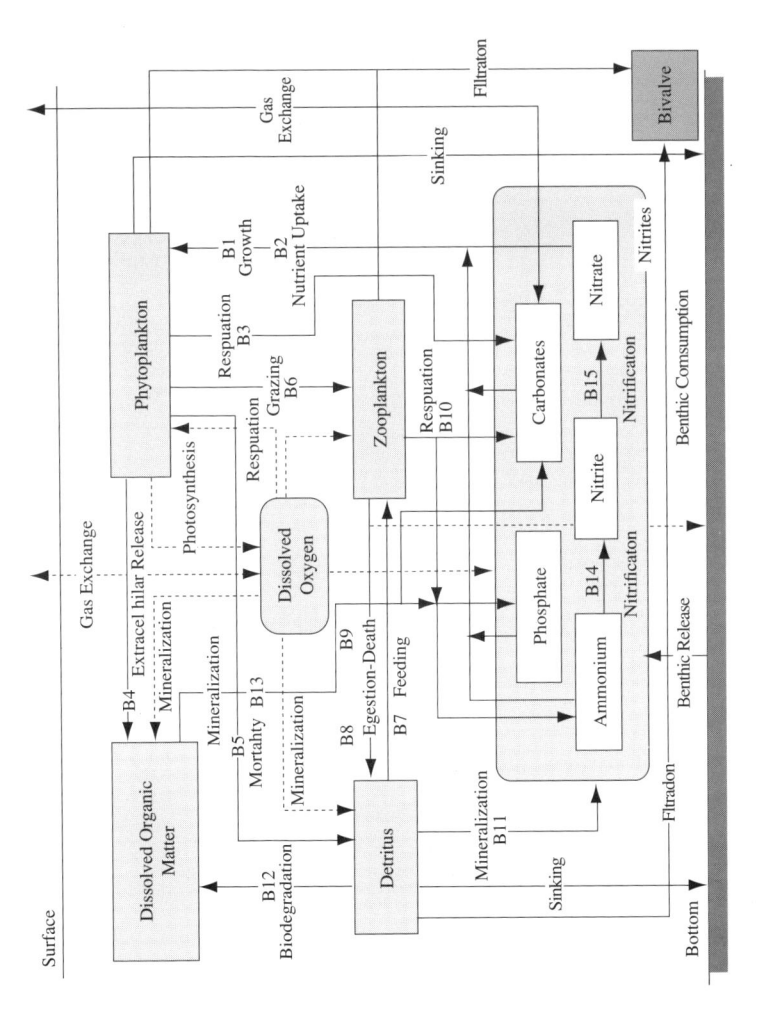

5章 三河湾における貧酸素水塊形成過程の数値解析 73

図 5・1 生態系モデルの概念図

堆積物中の有機物量は，堆積物表層から生態系モデルで計算された植物プランクトンとデトリタスの沈降量を与えている．そして，続成過程モデルで計算された酸素消費速度を活用して，生態系モデルの底泥酸素消費速度定数にフィードバックした．

これにより，生態系モデルで計算された有機物の沈降フラックスを続成過程モデルに与え，酸素消費速度を算出し，それを生態系モデルに与えることで間接的だが有機物の沈降量の変化と堆積物の酸素消費による影響を関連させることが可能と考えた．

1・2 懸濁物食性マクロベントス（アサリ）の現存量の推算

アサリなどの懸濁物食性マクロベントスは，懸濁態有機物を濾過摂食するので有機物の沈降量や堆積物の酸素消費に影響を及ぼす．よって，現存量を把握し生態系モデルに与えることは，貧酸素水塊の形成を考える上で重要になる．今回は，三河湾の代表的な懸濁物食者であるアサリ，*Ruditapes philippinarum*，の現存量を生態系モデルに入力し，本計算の解析に使用した．

現存量のデータがないため漁獲量から換算し，現存量の3割相当が漁獲量と仮定して資源量を推定した．漁獲量は，既存報告のデータ[10]を使用した．ただし，アサリの漁獲に関して現在は1年中採取しているが，1960年代から1970年代にかけては漁期が4ヶ月程度であったため，漁獲量を2.5倍して現存量を算出した（図5·2）．

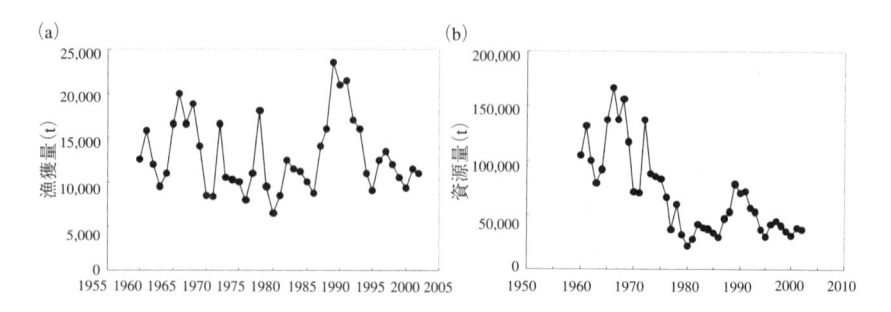

図5·2 アサリの漁獲量と推定された資源量の時間変化[10]

次に，今回使用した生態系モデルでは，アサリの資源量は軟体部乾重量でなければならない．推定した資源量は殻付湿重量なので，既存の報告[11]に示された係数（殻付湿重量の0.0321倍）を使って軟体部乾重量を求め，生態系モデルに入力した．また，アサリの配置は水深5m以内の浅海域に均一に配置した．

1・3 計算条件

三河湾を東西方向に106，南北方向に85に分割し，200〜500mの格子間隔とした．鉛直層区分は5層とし，表層と第二層は1.5mの層厚，それ以下は2mの層厚とした．三河湾に流入する河川は豊川・矢作川・境川など主要な10河川を対象とした．境界潮位は，三河湾近郊の実測潮位データが得られなかったため，対象海域から近い鳥羽のデータを使用した．また，境界条件に関して，水温は愛知県公共用水域の測点N-9（図5・3）の1992〜2002年の月平均値，塩分は1997〜2005年の月平均値を与えている．

生態系モデルに関しては，今回はプランクトンの種の変遷を重視していないので，植物プランクトン，動物プランクトンは1種類ずつとした．流入河川負荷量に関しては，1999〜2002年度の愛知県公共用水域データから負荷量を算定し，流量－負荷量曲線（L－Q曲線）から推定した．モデルパラメータは表5・1に示す．

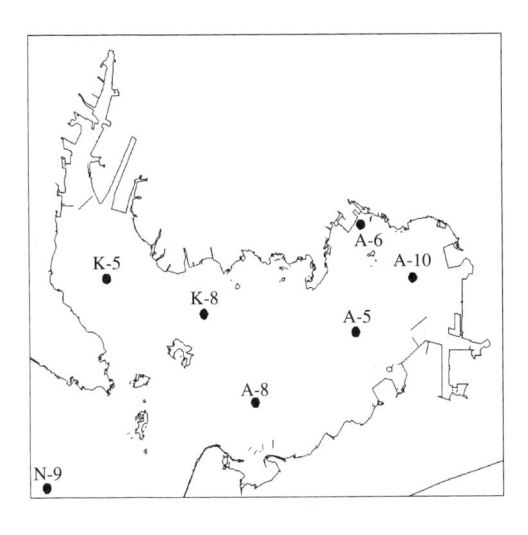

図5・3 三河湾のモニタリング測点

表 5·1 生態系モデルで用いた主たるパラメータ値

パラメータ	単位	値	出典
植物プランクトン			
最大可能成長速度	l/日	0.59exp(0.0633T)	13)
呼吸速度	l/日	0.02·exp(0.0524·T)	14)
光消散係数	l/m	0.3428-0.0056·Chla+0.0634·Chla$^{2/3}$	
枯死速度	l/|(mgC/m^3)·日|	5.0×10^{-5}·exp(0.0693T)	13)
沈降速度	cm/sec	1.0×1.0^{-4}	13)
動物プランクトン			
最大可能摂食速度	l/日	0.03·exp(0.12T)	
Ivlev 定数	m^3/mgC	0.007	14)
静止呼吸速度	l/日	0.017·exp(0.04T)	
自然死亡速度	l/|(mgC/m^3)·日|	1.0×1.0^{-5}·exp(0.12T)	
その他			
デトリタス無機化速度	l/日	0.012·exp(0.0693·T)	
デトリタスの沈降速度	cm/sec	5.787×10^{-4}	13)
溶存態有機物の無機化速度	l/日	0.005·exp(0.0693·T)	
アサリの最大濾水速度	l/g dry-wt/hr	1.5	15)

1·4 2002 年の計算結果

モデルの計算結果の整合性を確認するため，愛知県公共用水域の観測値（測点は図 5·3 に示した）と比較し検討した．流動モデルの水温・塩分の計算結果と観測値の比較を図 5·4 に示す．

貧酸素水塊が発生する夏季において，表層と底層の水温差をモデルでも再現できている．さらに，全観測点における観測値と計算値の間の相関が 0.98 と大きいことから，年間を通した変動も再現できているといえる．塩分に関しては，単相関が 0.54 と水温に比べて相関が低いが，有意な相関がみられた．

次に，生態系モデルの結果（植物プランクトンと底層の DO）も愛知県公共用水域の観測結果と比較した（図 5·5）．植物プランクトンの比較に関して，モデルでは炭素量で計算されるので炭素量とクロロフィル a 量の比を 50.0 と仮定し，クロロフィル a 量で表した．植物クロロフィル a 量のモデル結果と観測値の間の相関は 0.38 とよい相関とはいえないが正の相関を示していた．また，1997～2004 年度の平均値との比較をすると，とくに 7 月と秋季は，モデルの値が低くなる結果となった．このことから過去の解析において，この時期の植物プランク

トンの計算結果は，実際よりも少なく見積もられている可能性がある．

図 5・5 (e) に示された有機物沈降フラックスの結果 (測点は A-10) から，その内訳は POC (デトリタス：以後デトリタスとする) が圧倒的に多い．沈降フラックスは，生産性が高くなる夏季で 300～500 mgC/m^2/日の範囲であった．BOX モデルによる三河湾の有機物の沈降フラックスの結果は，1993～1995 年の夏季で 400～600 mgC/m^2/日を示しており [11]，今回の計算結果は少し過小評価である．しかしボックスモデルも実測ではなく間接的な評価である．ここでは今回のモデル計算で評価された海底への有機物フラックスは，他の方法で見積もられた値の範囲と大きく異なることはないと考えた．

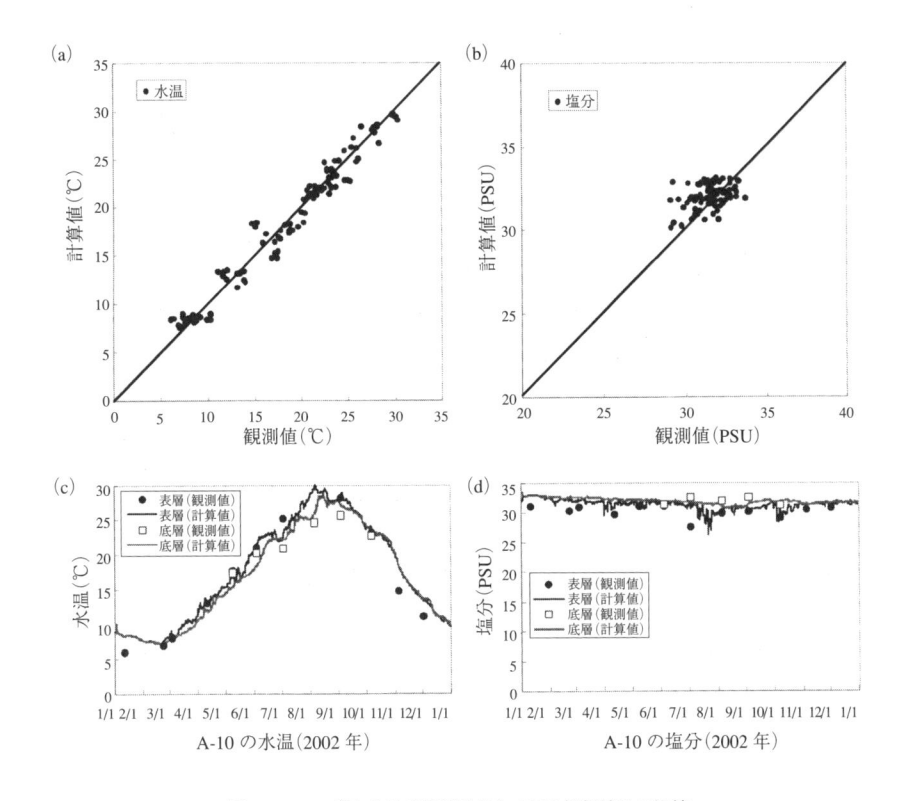

図 5・4　2002 年における観測結果とモデル解析結果の比較
(a) 水温, (b) 塩分, (c) A10 測点における水温の時系列変化, (d) A10 測点における塩分の時系列変化.

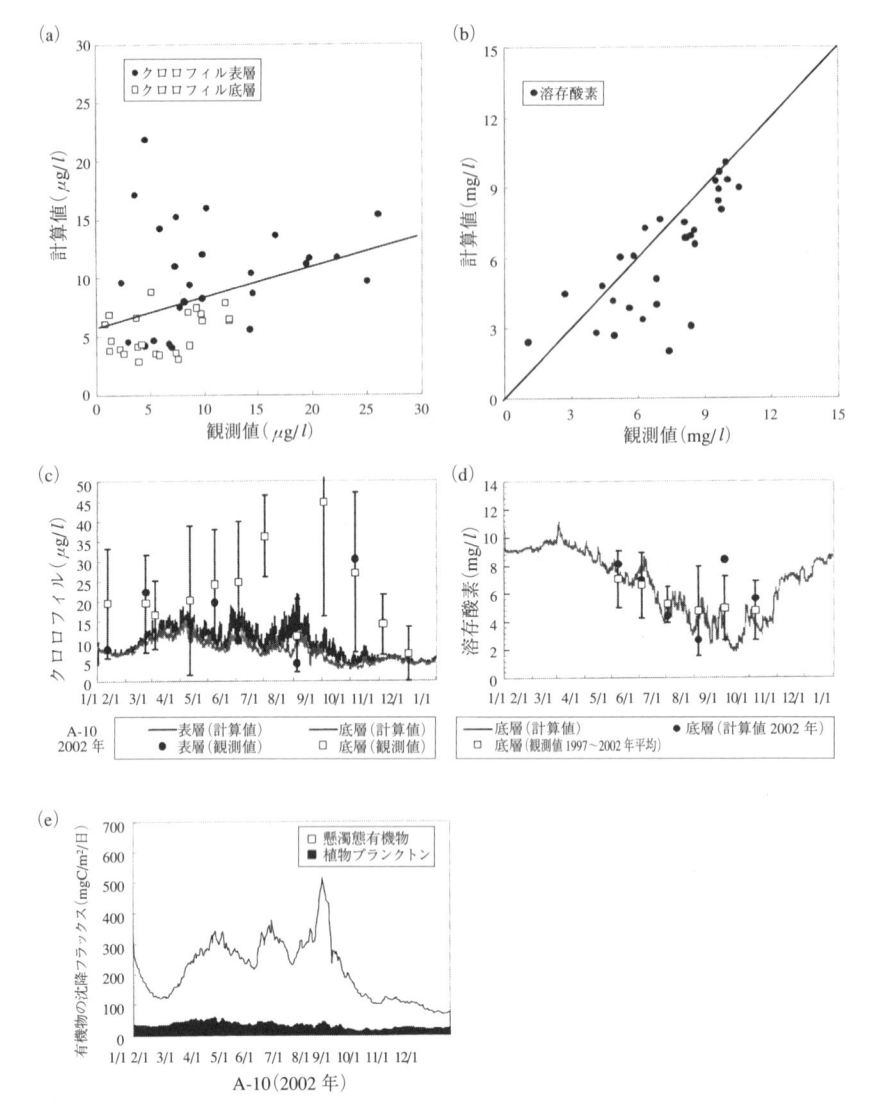

図5・5　2002年における観測結果とモデル解析結果の比較
(a) 植物プランクトン量の相関，(b) 溶存酸素量の相関，
(c) A10測点における植物プランクトン量の時系列変化，
(d) A10測点における溶存酸素量の時系列変化，
(e) A10測点における懸濁態有機物の沈降フラックスの時系列変化，
POCはデトリタスを指している．エラーバーは1997〜2004年の平均値からの標準偏差．

また，底層 DO に関しては相関が 0.76 と大きく，夏季の観測結果の変動も捉えている．貧酸素水塊については，今回の条件で 8 月から 9 月にかけて発生しており，規模も大きいので現状に近いものと考えられる．

以上のことから，モデルで評価された植物プランクトンの現存量が少し低いため，有機物沈降フラックスがボックスモデルでの評価よりやや小さくなっているが，底層 DO の再現性がよいので，今回の条件を用いて過去の解析を行うこととした．

1·5 流入河川負荷量について

三河湾に流入する大きな河川は，一級河川である矢作川，豊川，二級河川の境川などがあげられる．三河湾の流入負荷源は，東京湾などの工業排水系とは違い生活排水や畜産排水が主となっている．ここで，1955 年からの矢作川と豊川の全窒素（T-N），全リン（T-P）の年間負荷量の経年変化を図 5·6 に示す[10]．双方ともに矢作川や豊川で 1960 年代から 1980 年にかけて増加し，その後減少している．よって，このような流入負荷の傾向をモデルの本計算期間に与える必要がある．そこで，今回は 2002 年の計算で使用した，1999～2000 年度の愛知県公共用水域データから求めた流量－負荷量曲線（L－Q 曲線）を使用し，本計算期間の流量から負荷量を算出した．しかし，使用した L－Q 曲線は 1999～2002 年の期間であるので，図 5·6 の傾向から考えると，L－Q 曲線で算出した 1960 年代の負荷量は，当時よりも過大になる．1970～1980 年代も同様に当時よりも過小になる．そこで，この状態を解消するため図 5·6 で示された 2002 年の年間負荷量を基準にし，本計算期間の各年の年間負荷量との比率を

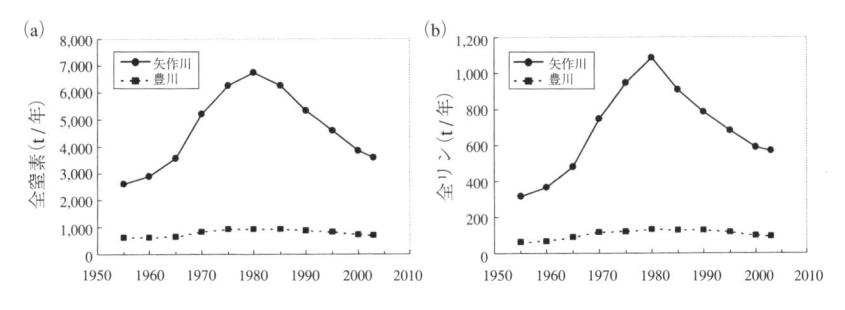

図 5·6　矢作川と豊川からの窒素とリンの負荷量の年変化
(a) 全窒素，(b) 全リン．L-Q 曲線から求めた[10]．

求めた．そして，求めた比率と求めた負荷量を掛け本計算期間の負荷量を算出した．

1·6 埋め立てによる地形変化

三河湾では1960年代から断続的に埋め立てが行われており，モデルに反映する必要がある．そこで，既存報告に記載されている埋め立て変遷図[10]を参考に地形の変更を行った．

埋め立ては，1960年代中旬から西部の衣浦港で始まり，1970年代前半で衣浦港の埋め立てはほぼ完成している．東部の三河港では1970年代前半から大規模な埋め立てと浚渫が始まり，蒲郡沖，豊川から汐川周辺で浅海域が約4,000 ha減少している．

§2. モデルの計算結果

前項で述べた方法を使用した1961年から1990年の解析結果を以下に示した．ここでモデル結果の例を示すために，2つのモニタリング測点K-5とA-10に対応する格子点での結果を選んだ．前者は三河湾の西側にある知多湾に位置し，一色干潟が近いところであり，後者は渥美湾にあり貧酸素水塊が頻繁に発生するところである．

2·1 有機物の沈降フラックス

モデルで計算したデトリタスなどの有機物の沈降フラックスの結果を図5·7に示す．図5·7 (c) は各年の6月から9月における沈降フラックスの平均値である．夏季における沈降フラックスの平均値をみると，1960年代は知多湾側の測点K-5で約140～180 mgC/m^2/日の幅で推移している．1970年代以降は，1977年から1982年にかけて沈降フラックスのピーク（約230 mgC/m^2/日）を迎え，その後は200 mgC/m^2/日を上回る結果となった．

渥美湾側の測点A-10では，1960年代は1965年から1967年を除いて沈降フラックスが，190 mgC/m^2/日で推移している．また，1965～1967年は沈降フラックスの値が極小を示しており，アサリの資源量が最大の時期と一致する．1970年代後半になるとフラックスが250 mgC/m^2/日以上となり，多い年では300 mgC/m^2/日に達している（1978, 1979, 1986, 1987年）．

三河港の埋め立てが行われる以前（1975年以前）では，A-10とK-5の沈降フ

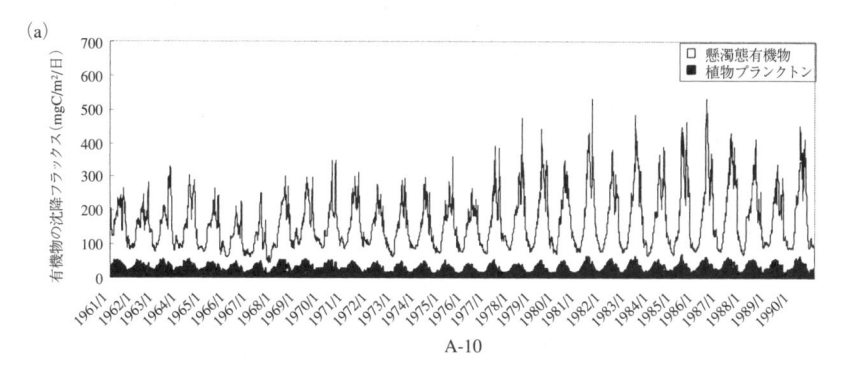

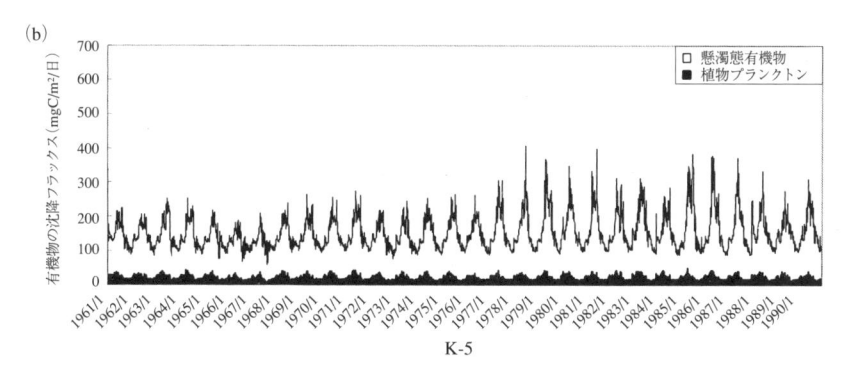

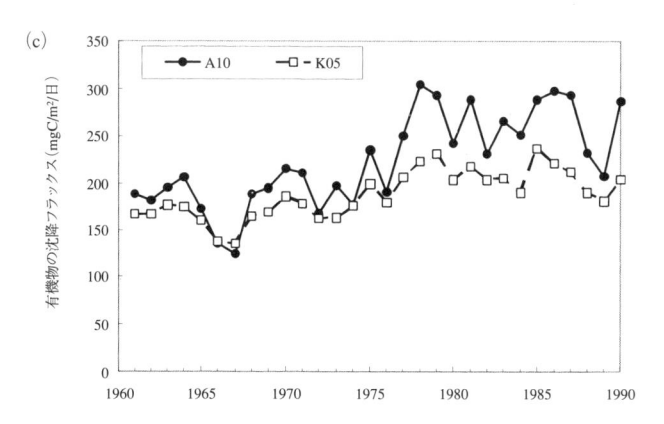

図 5·7 各モニタリング測点に対応する格子点で計算された懸濁態炭素の沈降フラックス
(a) 測点 A-10, (b) 測点 K-5,
(c) 2 点における 6 月から 9 月の期間で平均されたフラックス.

ラックスの差は，大きいときで約 30mgC/m^2/日であったが，1978 年以降は 50 mgC/m^2/日以上の開きがある．冬季（とくに 1 月）においての沈降フラックスは，30 年経過してもあまり変わっていないことから，夏季において渥美湾側の有機物の沈降量が多くなっていることがわかる．

2・2 貧酸素水塊の面積

モデルで計算した三河湾の底層の貧酸素水塊について 6 月から 10 月まで積分された総面積を図 5・8 に示す．貧酸素水塊最大面積は観測から推定された値を使った[10]．モデルで計算した貧酸素水塊の総面積と観測結果を比べると 1973 ～ 1974，1984，1989 年以外は観測結果の傾向は，モデル結果と同様であった．

結果からみると，1960 年代は貧酸素水塊が発生はしているが，1,000km^2 以下の年が多く規模は小さいものと考えられる．1972 年ごろから細かな増減はあるが，全体的に規模が大きくなっており 1978 年にピーク（約 7,000km^2）を迎えている．貧酸素水塊最大面積も同年にピークを迎えている．この年以降の 1980 年代も 3,000～6,000km^2 の規模で貧酸素水塊が発生している．

2・3 解析結果からみる貧酸素水塊の形成

モデルで計算した結果を通して，三河湾の貧酸素水塊発生の原因を探っていく．また，図 5・9 にモデルで計算された観測点 A-10，K-5 での各年の 6 月から 9 月における一次生産量を示した．

1960 年代は衣浦港側で埋め立てが始まり，河川からの負荷量が増加し始めた時期である．有機物の沈降フラックスは，夏季の平均でも 200mgC/m^2/日以下の水準で少ないので，堆積物による酸素消費も小さい．そのため，貧酸素水塊の発生範囲も小規模である．このころの地形は，埋め立てが始まったものの三河湾全体（とくに蒲郡から田原にかけての沿岸域）に，干潟・浅場域が広がっている．また，この時期のアサリの資源量は多く，生息域も現在よりも広かったものと考えられる．

1970 年代に入ると三河港側の南東部と御津沖で埋め立てと港湾整備により，約 4,000 ha の干潟・浅場域が消失している．河川負荷量も 1960 年代に比べて増加し，1970 年代後半にピークを迎え夏季における一次生産も増加し，有機物の増加がみられる．また，植物プランクトンの増加により渥美湾側でデトリタスの現存量も同時期に増加し，変動の幅も大きくなっている．有機物の沈降

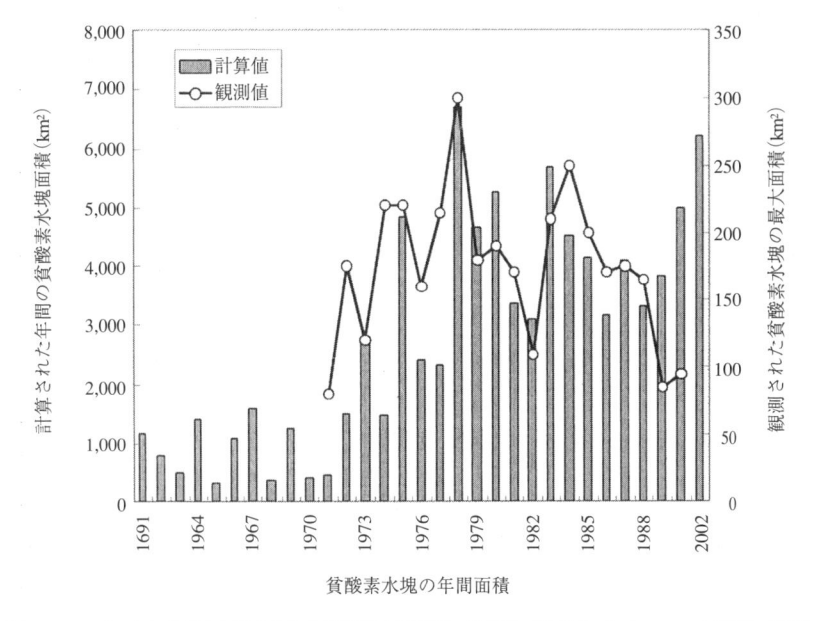

図 5·8 モデルから計算され積分された貧酸素水塊面積の年変化(棒グラフ)と,1971 年以降の観測結果から求められた最大貧酸素水塊面積の年変化(実線)[10]

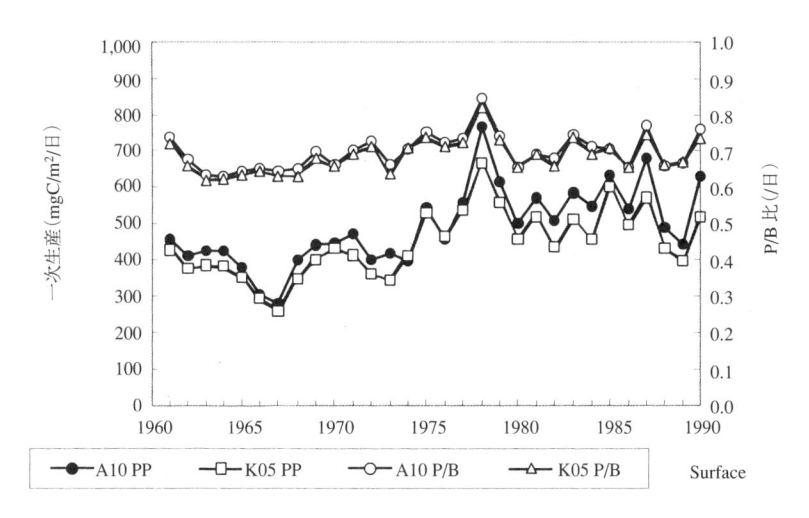

図 5·9 A-10 と K-5 に対応する格子点で計算された 6 月から 9 月の平均一次生産量,P/B 比の経年変化

フラックスは三河湾全体で 1960 年代に比べて増加し，とくに渥美湾側の増加率が高いのが特徴である．有機物の沈降量が増えたことで，堆積物の酸素消費は増大し貧酸素水塊の発生面積も拡大している．また，浅場域が減少したことからアサリの資源量も減少している．

1980 年には，河川負荷量はピークを迎え，それ以降は減少傾向に入る．埋め立ては行われるものの 1970 年代に多くの浅場域が減少しており，それに比べるとこの時期の浅場域の消失は少ない．一次生産は，1970 年代後半のピーク時より減少したが，1960 年代より高い水準である．有機物の沈降フラックスも 1970 年代後半の水準を維持している．貧酸素水塊の発生面積も変動はあるものの，1960 年代よりも規模が大きい．1980 年代の負荷量減少と貧酸素水塊の面積の間には殆ど相関はみられなかった．

次に，アサリ資源量との関係について考えてみる．図 5·10 にモデルで計算された貧酸素水塊の総面積とアサリの資源量の関係を示した．アサリの資源量が多いときは貧酸素水塊の規模が小さく，アサリの資源量が少ないときは貧酸素水塊の規模が大きくなっており，両者は指数関数的な関係がみられた．さらに，両者には明確な負の相関が得られ，貝の資源量が貧酸素水塊の面積に及ぼす影響が大きいことを示している．とくに貝の資源量がおおよそ 5 万 t 以下では，貧酸素水塊の面積が指数的に増加することが示された．

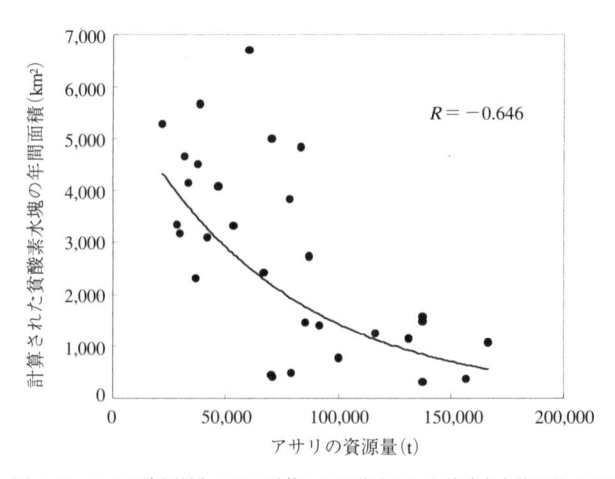

図 5·10　アサリ資源量とモデル計算による積分された貧酸素水塊面積の相関

1975年を境に，一次生産，有機物の沈降量，堆積物の酸素消費の増加と貧酸素水塊の規模拡大がリンクしている．この時期の特徴としては①河川からの負荷量が多い，②埋め立てなどによる干潟・浅場域とアサリの資源量の減少があげられる．一次生産の活発化と有機物の沈降量の増加は，富栄養化とアサリ資源量と生息域の減少による有機物除去力の低下の2つの寄与が考えられる．とくに後者の影響は大きく，流入負荷が減少傾向に入った1980年代後半においても，一次生産，有機物の沈降の水準が下がっていない．この原因はアサリの資源量がこの間低水準であったためであると考えられる．

また，知多湾側の観測点K-5と渥美湾側のA-10の一次生産と有機物沈降フラックスの結果を比較した．この2点の特徴としては，K-5は1960年代から現存している一色干潟があり，A-10は埋め立てになどにより，1970年代に干潟・浅場域が消失したところである．

一次生産量では2点とも富栄養化により1975年以降に増加し，2点間での差も大きくない．しかし，有機物の沈降フラックスは，1960年代では2点間の差が小さかったが，渥美湾埋め立て後は差が大きく開く結果となった．このことから浅場域とそこに生息する懸濁物食者が有機物の沈降を減少させ，堆積物の酸素消費を軽減し，貧酸素水塊の発生を抑える非常に大きい役割をもつといえる．

この結果から三河湾の貧酸素水塊の原因は1975年までは負荷量の影響と干潟・浅場面積の減少〈アサリの資源量の減少〉が考えられるが，それ以降，とくに1980年以降についてはアサリの資源量の減少が主たる要因と考えられる．

§3. 貧酸素水塊形成の原因

本章では，三河湾の貧酸素水塊形成の大きな原因は，三河港周辺で行われた埋め立てによる干潟・浅場域の減少，そしてその結果としてアサリなど海底に生息する懸濁物食性マクロベントスが減少したことであることが示唆された．

1970年代に御津沖および，三河港南東部の埋め立て後，有機物の沈降フラックスが増加し，貧酸素水塊の規模が拡大していることから，この地域の干潟や懸濁物食者が三河湾の生態系の基盤を支えていた可能性がある．

また，渡辺・中田[12]は2002年の三河湾の地形で，アサリの資源量が1960年代と2002年の場合の感度解析を行っており，アサリの多い1960年代が，

2002年よりも有機物の沈降フラックスが少ない結果を示している．また，負荷の影響はアサリほど大きくないことも示している．

以上のことから三河湾の貧酸素水塊の形成には1970年代に行われた埋め立てが大きく影響していることが推定された．

文　献

1) 東京湾河口干潟保全検討会：東京湾河口干潟保全再生検討報告書, 2004, 301 pp.
2) 青山裕晃：三河湾における海岸線の変遷と漁場環境, 愛知水試研報, 7, 7-12 (2000).
3) T.Suzuki：Oxygen-deficient waters along the Japanese coast and their effects upon the estuarine ecosystem, *J.of Environmental Quality.*, 30, 291-302 (2001).
4) 山本祐也・中田喜三郎・鈴木輝明：三河湾における貧酸素水塊形成過程に関する研究, 海洋理工学会誌, 14, 1-14 (2008).
5) K.Taguchi, K.Nakata：Analysis of water quality in Lake Hamana using a coupled physical and biochemical model, *J. Mar. Systems*, 16, 107-132 (1998).
6) K.Nakata, T.Doi, K.Taguchi, and S.Aoki,：Characterization of Ocean Productivity Using a New Physical-Biologocal Coupled Ocean Model, *Global Environmental Change in the Ocean and on Land*, Terrapub, 2004, pp.1-44.
7) R.A.Berner, : Early diagenesis a theoretical approach, Princeton University Press, 1980, 241pp.
8) B.P.Boudreau,: A method-of-line code for Carbon and diagenesis in aquatic sediments, *Computers and Geosciences*, 22, 479-496 (1996).
9) 山本祐也：中田喜三郎：続成過程モデルによる沿岸域の堆積物中における物質循環. 海洋理工学会誌, 11, 53-57 (2005).
10) (財)河川環境管理財団：流域における栄養塩等物質の動態と沿岸海域生態系への影響に関する研究, 2006, 97pp.
11) (社)日本水産資源保護協会：漁場保全機能定量化事業報告書－第二期とりまとめ－, 1994, 250pp.
12) 渡辺睦美・中田喜三郎：三河湾の修復についての考察－沈降フラックスについて－, 海洋理工学会誌, 2008 (印刷中).
13) 中田喜三郎：生態系モデル－定式化と未知のパラメータの推定法－, 海洋工学コンファレンス論文集, 8, 99-138 (1993).
14) 釘宮秀夫・中田喜三郎：2000年度, 有明海に発生した赤潮発生機構に関する一考察, 海洋理工学会誌, 11, 59-64 (2005).
15) 日向野純也・徳田雅治：有明海における二枚貝漁獲量の変化と二枚貝による海水濾過量の推定, 日本水産工学学会学術講演会講演論文集, 14, 201-204 (2002).

6章　アサリの代謝生理からみた貧酸素の影響とその対策

日向野純也[*1]・品川　明[*2]

　アサリ漁場は主に内湾や河口域に形成され，また富栄養化した海域がアサリの生産性の高い場でもある．このような海域では，夏季を中心に貧酸素水塊が発達しやすい．貧酸素水塊は成層下の底層に形成されるが，潮汐や風の作用によりアサリの生息する干潟・浅海域に到達することがある．アサリ漁場に貧酸素水塊が来襲した場合，時に個体群を壊滅させる程の死をもたらすことがあるため，貧酸素は資源管理や増殖技術を展開する上で極めて大きな問題である．本章では，アサリに対する貧酸素の影響を硫化水素の影響とともに取り上げ，生理代謝機構について室内実験を通してこれまでに明らかになったことを報告する．また，現地における貧酸素の観測事例および貧酸素によるアサリの死亡事例を取り上げ，アサリの貧酸素耐性と現地で観測された水質環境からアサリが貧酸素により死に至る機構を考察する．さらに，貧酸素の被害を軽減・回避するための対策について，現場への適用性やアサリの生理を加味し，今後の技術開発も含めた方向性について述べる．

§1. アサリの嫌気代謝と貧酸素耐性

　一般的に二枚貝は干出や無酸素環境下など有酸素呼吸ができないときには，嫌気代謝に切り替えることにより，比較的長期間生存することが知られている．実験的に干出させたときの二枚貝の嫌気的代謝が詳細に研究されており，グリコーゲンやアミノ酸（アスパラギン酸など），フォスファーゲン（高エネルギーリン酸化合物）であるアルギニンリン酸をエネルギー貯蔵物質として利用し，コハク酸，プロピオン酸など様々な代謝産物を得ながら生命維持に必要なエネルギーを得ている[1]．これらを参考に海産二枚貝の嫌気代謝マップを図6·1に示す．好気代謝ではグリコーゲンあるいはブドウ糖が解糖系によりピルビン酸に転換

[*1]　（独）水産総合研究センター　養殖研究所
[*2]　学習院女子大学　国際文化交流学部

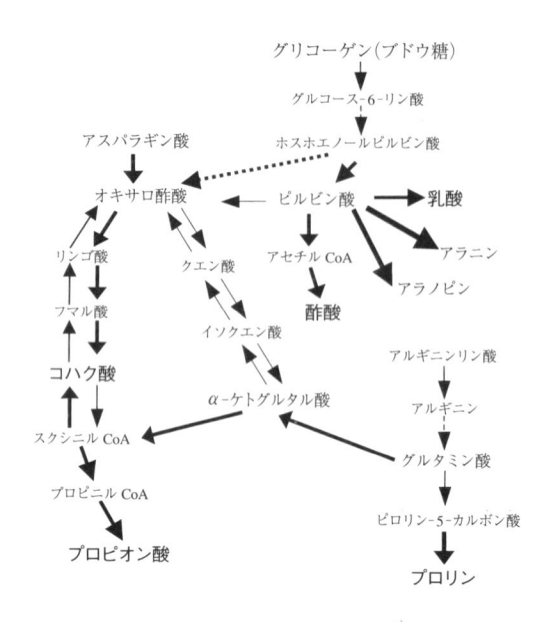

図6・1 海産二枚貝の嫌気代謝マップ（Hochachka[1]）を参考に作図）

しアセチル CoA を経てクエン酸回路に入り，最終的に水と二酸化炭素に分解される間に ATP の形でエネルギーを獲得する．これに対し，嫌気的条件下では，まずアスパラギン酸がエネルギー源として使用され，オキサロ酢酸を経てクエン酸回路を反時計回りに進んでコハク酸を生ずる．アスパラギン酸はエネルギープールとして小さいため直ちに消費され，嫌気状態が長引けばグリコーゲンが利用される．グリコーゲン（ブドウ糖）を出発点とする解糖系で生じたピルビン酸はクエン酸回路に入らずにアラニンを最終産物とするが，さらに嫌気代謝が進んだ場合はホスホエノールピルビン酸の大半がピルビン酸を経ずにオキサロ酢酸に移行し，結果としてアスパラギン酸の役を担うこととなる．グリコーゲンが唯一のエネルギー源となったとき，解糖系とクエン酸回路を結ぶのはピルビン酸ではなくリンゴ酸となる．リンゴ酸の大半はフマル酸を経てコハク酸になり，さらには一部がサクシニル CoA を経て最終産物であるプロピオン酸となる．嫌気代謝の重要な中間産物・最終産物となるのはコハク酸，プロピオン酸，酢酸といった有機酸，アミノ酸であるアラニンなどであり，その他アラノ

ピンなどのオピン類を生ずることも知られている[1,2].

　二枚貝は嫌気代謝によって酸素のない環境でも生き抜く能力を備えていることを紹介した．では，アサリは無酸素条件下でどの程度生残が可能なのであろうか？　アサリの貧酸素耐性については柿野[3]，中村ら[4]，萩田[5]，倉茂[6] により実験的に調べられている．これらの測定値から半数致死時間 LT50 および全数致死時間 LT100 を読み取り，表6·1 に示す．実験条件の違いから結果に幅があるものの水温が約 25℃では半数致死時間は無酸素の場合を除き 3〜5日程度であり，全数致死時間には少なくとも 5〜6日を要している．水温が20℃以下では半数致死時間も 6日以上に達している．また，倉茂[6] は DO が 0.5 ml/l（0.7 mg/l）以下になると生存が脅かされ，1 ml/l（1.4 mg/l）以上であればアサリは死亡しないことを報告している．これらの結果から，水温25℃以下であればアサリは 1 mg/l を下回る貧酸素でも数日間の生残が可能であるといえる．筆者らが中海のアサリを用いて窒素曝気による無酸素条件での生残状況を調べたところ（図6·2），水温20℃では 84時間後まで死亡はみられず，108時間後でも 8割が生存していた．水温が 25℃では供試個体が死滅するまで 4〜5日間，30℃では 60時間を要することが示されている．また，25℃での半数致死時間は 90時間，30℃では 43時間であった．このようにアサリの貧酸素耐性は水温に大きく影響されていることがわかる．

表6·1　アサリの貧酸素耐性実験から求めた半数および全数致死時間

水温(℃)	DO(mg/l)	LT50(hr)	LT100(hr)		出典
24	0.58 → ND	132	—		3)
	0.76 → ND	105	120		〃
	0.80 → ND	129	144		〃
24.2 - 25.3	0.49	68	—		〃
	0.22 → ND	84	—		〃
	0.36 → ND	102	120		〃
25	〈0.05	35	96		4)
20	0.36	—	—	*	5)
18.4	0.19	147	—		6)
19.6	0.22	148	—		〃
14.6	0.2	151	—		〃
14.6	0.22	152	—		〃
15.2	0.39	163	—		〃

＊120時間後まで死亡はみられず．

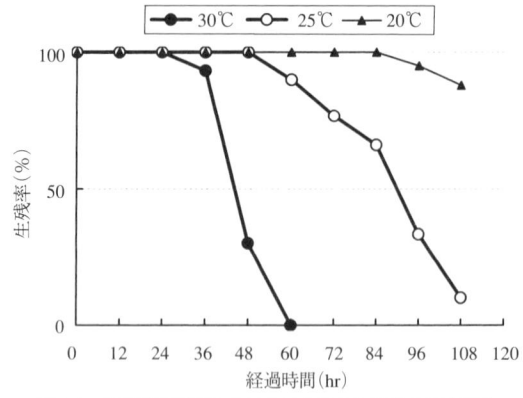

図 6·2　無酸素曝露時におけるアサリの生残率の経時変化

　図 6·1 に示した嫌気代謝マップの主要な代謝産物は，アサリの外套腔液を図 6·3 に示すような方法で採取し 5 %トリクロロ酢酸液に混合することで分析することができる．中海のアサリを用いて行った無酸素曝露実験で，各水温における嫌気代謝の進行状況を示す有機酸類について生残率の推移とともに図 6·4 に示す．無酸素に曝露した直後からコハク酸濃度の上昇がみられ，20 ℃では 48 時間後，25 ℃では 24 時間後にピークを迎え，一度若干下降した後再び上昇する．一方，プロピオン酸はそれぞれ 60 時間後，24 時間後まで全く現れていなかったが，コハク酸が一旦下降した 72 時間後，36 時間後に検出されている．プロピオン酸の濃度はコハク酸の 1/10 程度と遙かに低いが，プロピオン酸が検出されるようになって 24 時間後から死亡し始めている．30 ℃では，外套腔液採取の間隔より嫌気代謝の進行が早かったためか，20 ℃および 25 ℃のようなコハク酸とプロピオン酸の挙動は明らかではないが，無酸素曝露 12 時間後には既にコハク酸が高いレベルに達しており，24 時間後にはプロピオン酸濃度も上昇し，その後死亡し始めている．いずれの水温においてもコハク酸の最高値は 20～25 μmol/ml であり，プロピオン酸の最高値は 3 μmol/ml 前後であり，これらの値は嫌気代謝が進行して生存限界に達したことを示す指標になると考えられる．

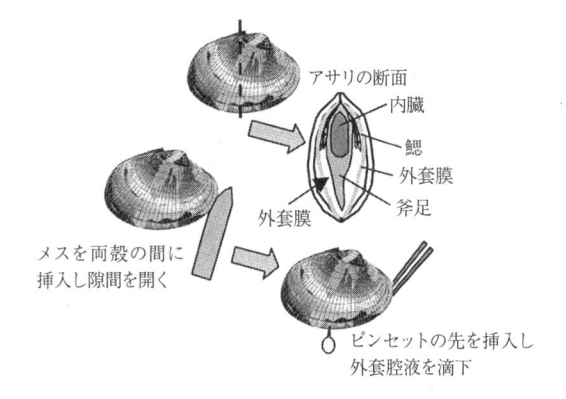

図 6・3　アサリの断面模式図と代謝産物を分析するための外套腔液の採取法

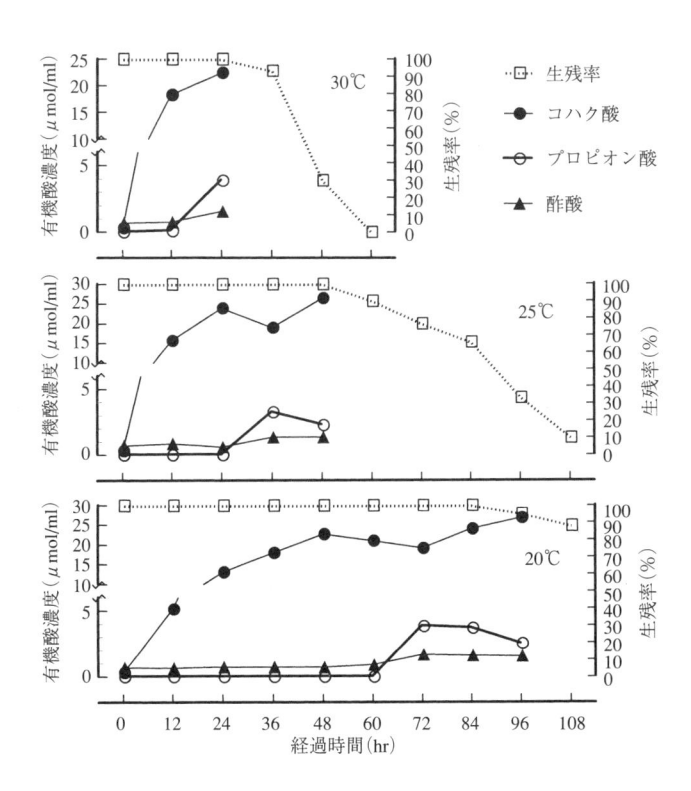

図 6・4　無酸素曝露時における外套腔液中の有機酸含量

§2. アサリに対する硫化水素の影響

貧酸素あるいは無酸素環境下でアサリの生存を脅かす共存物質として硫化水素の影響が懸念される．還元環境下では *Desulfovibrio* などの硫酸還元細菌の繁殖により硫化水素が生成される[7]．還元化した底泥中で生成された硫化水素は水溶性が高いため，間隙水から拡散や巻き上げにより底層水中へ容易に移行するであろう．分子状硫化水素 H_2S はイオン化された HS^- や S^{2-} と温度，pH依存平衡を示し，その解離式は $H_2S = HS^- + H^+$，$HS^- = S^{2-} + H^+$ で表される．後者の式で S^{2-} 側に傾くのは pH が 10 以上であることから，海水中では前者の平衡のみを考慮すればよい[7]．前者の式の平衡常数は 25℃で 7.01 である．すなわち，pH がこれ以下では H_2S が多く，以上では HS^- が多くなる．例えば水温 28℃で pH8 の淡水なら全硫化物の 8.5 %，pH7 なら 48.2 %，pH6 なら 90.3 %が H_2S である．塩分の存在下では H_2S の比率はこれより若干低下する．海水中の硫化水素濃度の定量法は APHA ら[8]，Fonselius ら[9] などに述べられており，200 µmol/l（S として 6.4 mg/l）以上の高濃度では Cline[10] の方法，250 µmol/l（S として 8 mg/l）以下の濃度では Fonselius ら[9] を用いると正確な定量ができる．全硫化物における H_2S の比率の推定式は APHA ら[8] に詳述されている．

硫化水素の毒性については，シアン化物と同じく還元型チトクローム a_3 の酸化を遮断して酸化的リン酸化を阻害することにより，低酸素症と同様の症状を引き起こすことが知られている[7,11]．しかし硫化水素の毒性はイオン化していない H_2S に限られ，HS^- は細胞膜で排除されるので毒性は発揮されない．硫化水素は好気代謝過程における反応を阻害するので，二枚貝の嫌気代謝を助長する可能性がある．

現地および室内実験においてアサリに対する硫化水素の影響を調べた例として以下のような研究があげられる．柿野[3] は青潮発生時の硫化物濃度を全硫化物濃度で 2 mg/l 程度までであったことを示し，飼育試験により 10 mg/l 以上では 3 日間で 80 %以上が死亡するのを観察した（9 月に採取したアサリでは 1 mg/l でも 100 %死亡）．萩田[5] は英虞湾内で 13.9 mg/l を観測し，20 ℃という比較的低い水温ながら 3 日間の飼育実験では 3.7 mg/l で 80 %，8.1 mg/l 以上では 100 %の死亡率を得ている．硫化水素を添加しない貧酸素（0.29 mg/l）では全く死亡がみられず，硫化水素がアサリの生存時間を大幅に短縮していることが

わかる.

　アサリの嫌気代謝の観点から硫化水素の影響を評価するため,筆者らは無酸素および無酸素に硫化水素の影響も加えた室内実験を行った.恒温槽中に0.5 μmのフィルターを通過した濾過海水を満たした密閉式容器(容量約1lおよび700 ml)を浸漬しアサリをそれぞれ5個体および3個体収容して,Strathkelvin溶存酸素計(電極が酸素を消費しない)で容器内の溶存酸素量をモニターした.容器内に窒素を曝気してほぼ無酸素が確認された状態で密閉し,1lの容器にほぼ10 mg-S/lとなるようにNa_2S溶液を添加した.この時炭酸ガスを吹き込んでpHがおよそ7になるように調整した.実験中,両容器の側面に水中マグネチックスターラーを装着して容器内の海水を攪拌した.対照として濾過海水を約700 ml入れた容器内にアサリを3個体収容して恒温槽内に浸漬し空気を曝気して酸素が飽和した状態を維持した.実験は30℃および25℃で行い,それぞれ13および21時間暴露した.実験終了後にアサリの外套腔液を採取して同様に有機酸を定量した.海水中の硫化物濃度の分析はFonseliusら[9]の方法に従った.

　いずれの条件下でも実験終了時までに死亡したアサリはみられず,閉殻も速やかで外見上は異常がみられなかった.Na_2S添加区における実験終了時の硫化物濃度は30℃および25℃でそれぞれ9mg-S/l,13.4mg-S/lであった.飼育水のpHは約7であったので,非イオン態硫化水素がおよそ半分を占めることになる.図6・5に30℃および25℃における無酸素＋硫化水素,無酸素および有酸素状態

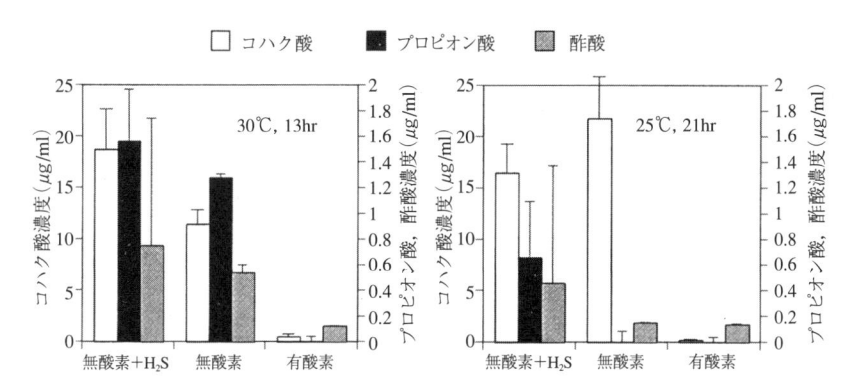

図6・5　アサリ外套腔液の変化に対する無酸素と硫化水素の影響実験結果

でのアサリ外套腔液中の有機酸濃度を示す．30℃では無酸素および無酸素＋H_2Sでコハク酸，酢酸，プロピオン酸とも有酸素に対し$p<0.05$で有意に上昇し13時間でプロピオン酸濃度が1μmol以上に達していたが，無酸素に対するH_2S添加の影響はコハク酸のみに有意差がみられた．25℃では21時間後に無酸素および無酸素＋H_2Sでコハク酸のみ有酸素に対し$p<0.05$で有意に高かった．ここで有意差は検出できなかったが，プロピオン酸は無酸素＋H_2Sでのみ上昇がみられ，嫌気代謝の進行に対して硫化水素の影響が非常に大きいことがわかった．

§3. 現地で観測された貧酸素とアサリの死亡事例

アサリなどの二枚貝は無酸素の条件下でも嫌気代謝により暫くの間生き延びることができるにも拘らず，貧酸素や青潮に連動した死亡事例が報告されている[12-14]．しかし，貧酸素水塊の出現からアサリの死亡に至るまでの過程は詳細に把握されていない．貧酸素がアサリに与える影響は貧酸素の程度（無酸素か否か）や継続時間，水温と大きく関わっている．通常，貧酸素水は潮下帯で形成され，潮汐や風による湧昇によって干潟域に来襲する．伊勢湾・三河湾では夏季～秋季に海底が無酸素になる．しかし，青潮（苦潮）といった無酸素水が湧昇して接岸するような顕著な現象として確認できる場合を除き，アサリ生息場に無酸素或いは貧酸素水塊が及んでいるのか把握することは困難である．このため，貧酸素水の発生や侵入がアサリ生息場にどのような影響を与えているのか，アサリ生息域における溶存酸素の連続観測やアサリの生息状況の調査などを行って実態を把握することが必要である．

長崎県の諫早湾にある小長井町漁協のアサリ養殖場では，夏季にアサリの大量死をしばしば生ずるため大きな被害を受けている．この大量死の原因を明らかにするため2003年よりテレメーター式の多項目水質計Hydrolab DS4aを組合管理アサリ養殖場の一角である定点Aとその沖側の潮下帯上部にある定点Bにおいて，海底上約5cmにセンサーが位置するよう設置して水温，塩分，溶存酸素，クロロフィルなどのリアルタイムモニタリングを行った（図6・6，口絵3）．2004年8月5日からシャットネラ赤潮が確認され，引き続き貧酸素水塊が発生しアサリ漁場に接岸することが予想されたので，定点Aに隣接する個人管理の養殖場において，貧酸素が観測される前の8月10日に現地で採取したアサリを

網袋に入れて海底に沈めるとともに，自記式水質計 Hydrolab MS4a を直近の海底直上に設置した．網袋のアサリは1日2回ずつ取り上げ，生残率および有機酸含量を調べた．設置翌日の8月11日から14日にかけて無酸素が断続的に観測された（図6·7）．無酸素水塊の水温は 28〜32℃，塩分は 30〜32 であり，真夜中から午後まで無酸素，午後から真夜中まで回復する過程を3日間繰り返した．沖側の定点Bの方がDOは低めに推移し，無酸素の継続時間も長かった．アサリの死亡率と外套腔液中の有機酸濃度の変化を図6·8に示す．まだ無酸素が連続して観測される以前の11日17時にはコハク酸は低い濃度であり，嫌気代謝はほとんど進んでいないレベルであったが，13時間後の12日6時にはコハク酸濃度が 15 μmol/ml，プロピオン酸濃度が 2 μmol/ml を超えていた．12日14時には大量死が確認される前に極めて急激な有機酸の上昇が起こり（点線で囲んだ部分），嫌気代謝が急激に進んでいたことを示している．酸素飽和度が10%以下の貧酸素水の水温は平均 31.4℃ と非常に高く，嫌気代謝の進行が極めて速かったと考えられる．現地観測値からは8月12日0時半〜14日12時半の60時間の間に無酸素が15時間継続した後，有酸素6時間，無酸素14時間，有酸素13時間，無酸素12時間と交互に現れており，溶存酸素の上からは嫌気代謝から回復する機会があったと思われる．しかし，最初の15時間のうちに嫌気代謝の最終産物であるプロピオン酸が危険なレベルにまで上昇していたのは，室内実験でも確認されたとおりであり，この結果8月12日中に小長井町釜地区のアサリは全滅に至っている（口絵4）．なお，8月13日午前9時半に釜地区の現場で採取した底層水の硫化水素濃度は 0.9 mg-S/l であった．同時刻には底層の溶存酸素は回復傾向にあったため，無酸素時にはさらに高い濃度であったと推

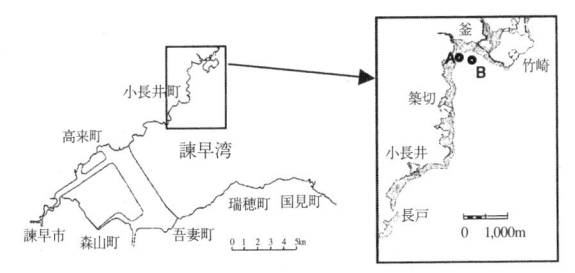

図6·6 アサリの大量死亡原因究明調査を実施した長崎県諫早市小長井町釜地区の定点A（潮間帯のアサリ養殖場），定点B（潮下帯の覆砂試験地）

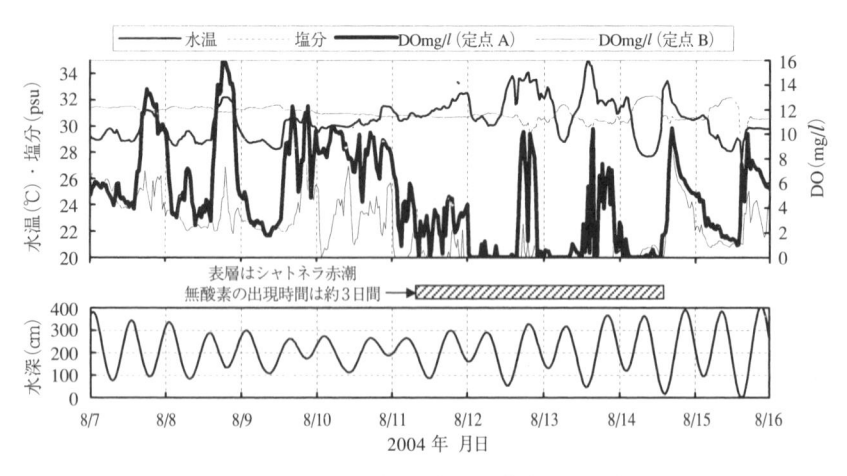

図6・7 連続観測機器による水温,塩分,溶存酸素および水深の変化

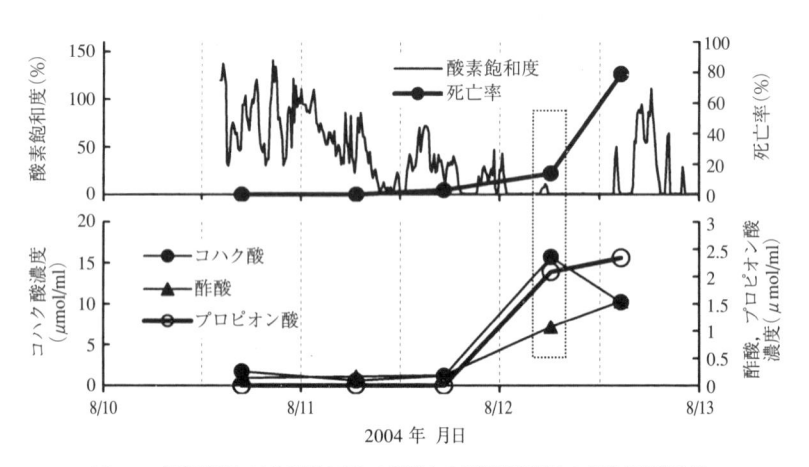

図6・8 溶存酸素とアサリ死亡率との関係および外套腔液中の各種有機酸含量

察される.したがって,無酸素に硫化水素の影響が加わり,極めて短時間に外套腔液中のプロピオン酸濃度が上昇するとともに死に至ったと思われる.

　伊勢湾は貧酸素水塊の発生が問題になっている場(三重県水産研究所貧酸素情報 http://www.mpstpc.pref.mie.jp/SUI/hinsanso/index.htm)であり,貧酸素水塊の発生機構についての研究が進められ[14,15],またアサリの死亡も報告されている[16].伊勢湾のアサリ漁場においても先に述べたのと同様に,貧酸素とアサ

リ死亡の関連を把握する必要があるため，2007年7月11日に伊勢市村松町地先（図6・9）のアサリ漁場の鋼管に多項目水質計 Hydrolab MS5 を設置し，11月末まで海底直上の水温・塩分・溶存酸素・水深を観測した．鋼管には太陽電池パネルとバッテリー，携帯電話回線を利用したデータ送信ユニットを取り付け，30分間隔で測定したデータをモニタリング記録した．

上記の観測期間中，7～8月および10月7日に溶存酸素が 1 mg/l 以下に低下し，同時に水温の低下と塩分の上昇が観測された．2007年7月20日～8月4日に記録された水質計データとともに気象庁アメダスデータから入手した小俣気象観測点における風向風速データを潮流ベクトル図作成アドイン（WaveVector97.xla, Ver.1.1）を用いてベクトル図を作成し，図6・10に示す．7月25, 28, 29日，8月1日に 1 mg/l 以下の貧酸素となり，その継続時間はそれぞれ 12, 5.5, 2.0, 4.5 時間，水温は 22.9, 24.6, 24.0, 22.9 ℃であった．また，溶存酸素が低下するのは，離岸風が強く吹いた場合と上げ潮時にみられたが，1 mg/l 以下に低下したときの風速や潮位の関連性は明確ではなかった．しかし，溶存酸素濃度の低下と水温低下・塩分上昇は極めてよく連動しており，ここにおける貧酸素水塊は，低水温，高塩分で特徴付けられることがわかる．観測地点の水深は干潮～満潮にかけて 1.55～4.2 m で潮下帯に位置するが，貧酸素水塊の発生域ではなく，水深 10 m あるいは 20 m 以深の底層に局在していた貧酸素水塊が浅海の非常に海岸に近い地点にまで湧昇してくることが示唆された．溶存酸素が 1 mg/l 以下の継続時間と水温を勘案すると，2007年の観測期間においてはアサリに致命的な影響を与えることはなかったと判断されるが，沖合の二枚貝群集には大きな影響を及ぼした可能性がある．

§4. 貧酸素対策の考え方

諫早湾のアサリ養殖場では2004年には水温30℃以上の無酸素が十数時間継続する状況が3日間にわたって観測され，アサリが全滅する被害に至った．2004年7月後半から8月上旬にかけて晴天が続き，静穏な海象で赤潮が発生したため，養殖場のある干潟のすぐ沖側前面の底層で小潮時に極めて短期的に無酸素層が発達し，潮時が小潮から大潮に向かうに従って徐々に干潟に接岸したと思われる．これに対し，伊勢市村松町地先のアサリ漁場では，2007年については

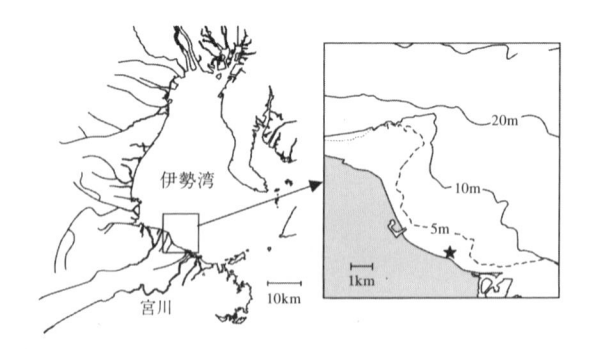

図 6・9　伊勢湾で多項目水質計を設置して溶存酸素のモニタリングを実施した
宮川河口北側の村松地先
星印は観測装置設置点．

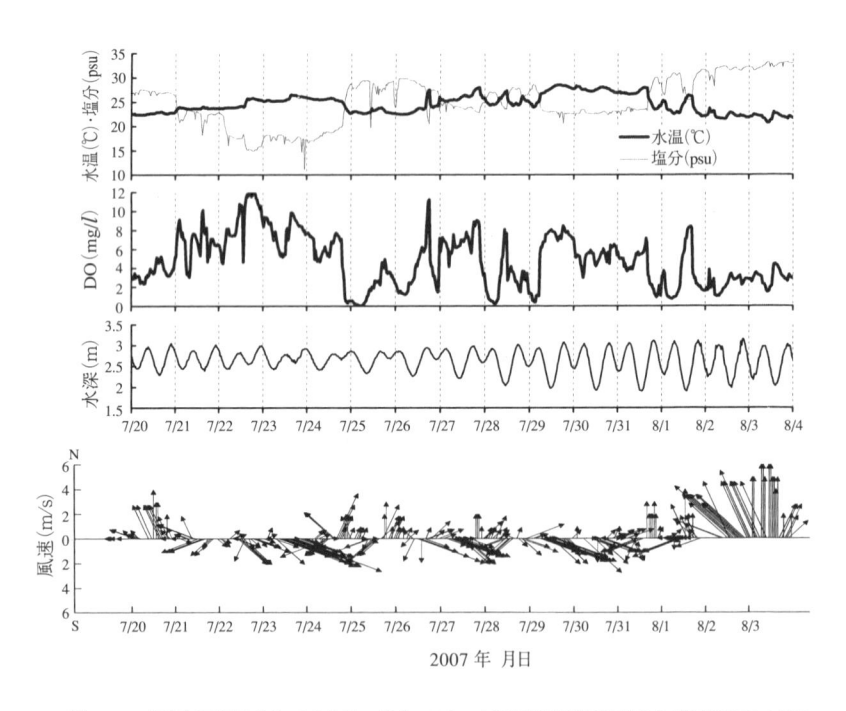

図 6・10　宮川河口村松地先での水温，塩分，DO，水深の連続観測結果および気象庁アメダス
データから入手した小俣気象観測点における風向風速ベクトル図

アサリの死亡はみられなかったが，観測記録から頻繁に貧酸素水塊が接岸する状況が確認された．したがって，気象・海況条件によってはより高水温の貧酸素水塊が発生・侵入したり，さらに長時間にわたって貧酸素水塊が滞留したりするなど，アサリが死に至る可能性が十分に想定される．

　貧酸素への対策は，貧酸素水塊の発生機構を解明することによって，長期的には海域への負荷削減，干潟・浅場造成などの生態学的機能の増加や海水交流の促進などにより貧酸素水の発生を抑止することが望ましい．しかし，現実に頻発する貧酸素による死亡を防ぐためには，アサリ漁場やその周辺における地形の特徴，底質の状態，貧酸素水塊の状況を把握した上で，貧酸素水がアサリの生息域に侵入することを阻止する，またはアサリを採捕し退避させるといった水際での対処法を取らざるを得ない．そのためには，貧酸素水（無酸素水）の発生や侵入がアサリ生息場にどのような影響を与えているのか，アサリの生息域およびその沖合域における溶存酸素の連続計測などを行って実態を把握することが必要である．

　現在のところ有効な対策手法を列挙するのは困難であるが，以下にあげるような方向で対策手法を検討・確立していくことが必要である．

　①　貧酸素水塊の発生を抑止：三河湾では浚渫窪地を埋め戻すことと干潟の造成により，貧酸素の抑制が試みられている．また，この他にダム湖などで行われているように大型の曝気装置の設置などが考えられるが，多くの場合貧酸素水の発生が大規模であるため，漁業者自身が対応するのは不可能である．水産分野に限らない大規模な取り組みが必要である．

　②　貧酸素水塊の侵入を抑止：多くの場合貧酸素水は静穏時に発生し干潟域に侵入するため，これを抑止することが有効である．しかし，コンクリートの堰堤や潜堤のような構造物は平常時の環境を改変する恐れがあるので避けるべきである．シルトフェンスやビニールシートのような可搬型施設でも貧酸素水の侵入を防除することが可能と考えられる．貧酸素水の侵入が回避されるまでの間，囲い込んで保護した二枚貝の呼吸や底質による酸素消費を補うため，曝気した海水を底層に送り込む必要がある．小規模であれば漁業者自身でも対応できる可能性がある．

　③　貧酸素影響域からの退避：貧酸素水の発生が予測される場合，発生・侵

入する前に他の安全な海域に移植したり，筏などがある場合はカゴなどで貧酸素層よりも上層に垂下することで，被害を軽減させられる可能性がある．しかし，貧酸素水による被害が多い夏季に貝を掘り出すことは，貝そのものにダメージを与える可能性があるので，生理状態や移植場所の環境条件などをあらかじめ調べておく必要がある．稚貝の場合はとくに採捕許可の問題に留意する必要がある．

文献

1) P. W.Hochachka: 低酸素適応の生化学－酸素なき世界で生きぬく生物の戦略（橋本周久・阿部宏喜・渡部終五訳），恒星社厚生閣, 1984, pp.40-54.

2) A.de Zwaan: Carbohydrate catabolism in bivalves, The Mollusca (eds. Hochachka P. W.), Vol.1, Academic press, 1983, pp.138-175.

3) 柿野 純: 青潮によるアサリへい死原因について 貧酸素水および硫化物の影響, 千葉水試研報, 40, 1-6 (1982).

4) 中村幹雄・品川 明・戸田顕史・中尾 繁: 宍道湖および中海産二枚貝4種の環境耐性, 水産増殖, 45, 179-185 (1997).

5) 萩田健二: 貧酸素水と硫化水素水のアサリのへい死に与える影響, 水産増殖, 33, 67-71 (1985).

6) 倉茂英次郎: 常温におけるアサリの致死酸素量, 日本海洋学会誌, 1 (1,2), 123-132 (1942).

7) C. E. Boyd and C. S. Tucker: Pond aquaculture water quality management. Kluwer academic publishers, Boston, 1998, pp.144-147.

8) APHA, AWWA, WPCF,: 4500-S^{2-} Sulfide, Standard methods for the examination of water and wastewater, 20th edition, American Public Health Association, 1999, part 4, pp.162-173.

9) S. Fonselius, D. Dyrssen and B. Yhlen: Determination of hydrogen sulfide. In Methods of seawater analysis (eds. Grasshoff K., K. Kremling and M. Ehrhardt), Wiley-vch, 1999, pp.91-100.

10) J. D. Cline: Spectrophotometric determination of hydrogen sulfide in natural waters, *Limnol. Oceanogr.*, 14, 454-458 (1969).

11) A. L. Lehninger: 生化学（上）第2版－細胞の分子的理解－（中尾 眞監訳），共立出版, 1977, 592pp.

12) 柿野 純: 東京湾奥部における貝類へい死事例 特に貧酸素水の影響について, 水産土木, 23, 41-47 (1986).

13) 愛知県水産試験場: 平成6年度夏季におけるアサリの大量へい死について, 愛知水試研究業績 C-16, 21pp. (1995).

14) T. Fujiwara, T. Takahashi, A. Kasai, Y. Sugiyama and M. Kuno: Theroleofcirculation in the development of hypoxia in Ise Bay, Japan, *Estuar.,Coast.Shelf Sci.*, 54, 19-31, (1984).

15) 藤原建紀: 伊勢湾の貧酸素化水塊はどのようにしてできるか, 月刊海洋, 39 (1), 5-8 (2007).

16) 糸川貞之・松本兼一・池田 正・中西捨吉: アサリ斃死調査, 昭和47年度三重県伊勢湾水産試験場年報, 105-124 (1984).

Ⅳ. 流域圏環境管理によるアサリ生息環境の改善

7章 河川負荷の変動が沿岸海域環境に及ぼす影響

児玉真史[*1]・小松幸生[*2]・田中勝久[*3]

わが国では，高度経済成長以降の膨大な窒素・リンなどの負荷が河川を通じて海域に流入した結果，東京湾，瀬戸内海，伊勢・三河湾などの閉鎖性海域において富栄養化が進行し，赤潮や貧酸素水塊の発生による多くの環境・漁業被害を引き起こした．こうした海域における環境は流入負荷の削減指導によって一定の改善がみられたものの，その後の赤潮や貧酸素水塊の発生状況には大きな変化はみられていない．この原因として，浄化の場となる干潟・浅海域の減少とさらなる負荷削減の必要性が指摘され，各方面で干潟・浅海域の浄化機能の評価に関する研究や対策事業が実施されている[1]．また，リンのみを削減したために，海域のN：P比が変化して，赤潮を構成する植物プランクトンがリンをあまり使わなくてもすむような種類に変わってきたという指摘もある[2,3]．さらに，閉鎖性海域の環境に改善がみられないもう1つの要因として，ダム建設などの河川改修などの影響によって，河川流量の変動パターンが変化したことがあげられる．すなわち，平常時の河川流量の低下と出水時の集中的な負荷といった極端な流量変動パターンへの移行である．それぞれの要因の影響度合いについて定量的に評価することは極めて難しいが，いずれにせよ沿岸海域での安定した漁業生産を維持するためには，海域そのものだけでなく流入する河川の上流域まで含めた流域圏全体の物質循環を考慮して管理を行う必要がある．このためには河川から海域へ負荷される物質の動態を把握すると同時に，負荷に対する海の応答実態を明らかにすることが不可欠となる．本章では，愛知県の矢作川・知多湾流域を対象とした長期モニタリングによって明らかにされた河川

[*1] （独）水産総合研究センター　中央水産研究所
[*2] 東京大学大学院新領域創成科学研究科・東京大学海洋研究所
[*3] （独）国際農林水産業研究センター　水産領域

から海域への窒素・リン負荷の実態[4]と河川負荷の変動が海域の環境に及ぼす影響について数値シミュレーションモデルを用いた検討結果[5]を紹介する．

§1. 川から海への栄養塩負荷の実態
1・1 河川流量と懸濁物質濃度の変動

日本の河川は大陸の河川と比べて短く急峻であることに加え，降水量の年変動や季節変動が大きいために河川の最大流量と最小流量の差が著しく大きい極めて不安定な河川が多い[6]．加えて近年は極端な流量変動を示す傾向がみられることから，川から海への負荷を正確に評価するためには，細かいスケールでかつ長期間の年変動をみるモニタリングが必要である．

筆者らの研究グループでは，出水や渇水といった河川流量の変動が窒素，リン負荷の量や質にどのような影響を及ぼすかを評価することを目的とし，2000年の6月から愛知県矢作川の河口から12 km地点に位置する米津橋付近（図7・1）で自動観測機器を用いた濁度の連続観測と採水によるモニタリングを行った．図7・2に2000年6月8日から2004年6月7日までの米津橋観測点における日平均流量を示した．また，図7・3に同地点における濁度から換算した懸濁物質濃度（SS濃度）の変動を示した．

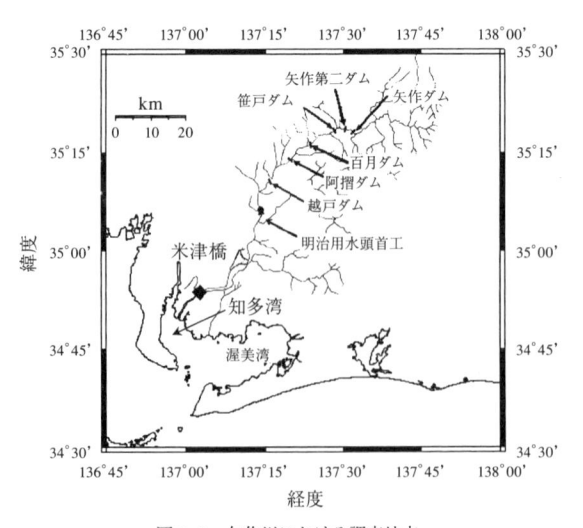

図7・1　矢作川における調査地点

観測期間中の日平均流量は42.3 m^3/s であった．調査開始3ヶ月後の2000年9月11日未明から12日の朝にかけては上流部における最大時間雨量80 mm, 累計雨量600 mmに達する東海豪雨が発生し，日平均で2,000 m^3/s と既往最大の流量を記録した．その後も200 m^3/s を超える出水が約1週間継続し，9月12日から同18日までの豪雨後1週間の累計流量は3.3×10^8 m^3 に達した．これはこの年の流量の約4分の1に相当する．それ以外でも2001年8月22日の台風0111号による800 m^3/s を超える出水の他，2003年8月9日からは台風0310号などの影響により，1,000 m^3/s を超える出水が発生し，約2週間にわたって大規模出水が継続するなど夏から秋にかけての豪雨時に大きな出水が記録されている．観測期間中において日平均で200 m^3/s を超える出水が発生した日数は全体の2.5％であったが，その約6割が8月と9月に記録されている．

一方，平水時のSS濃度は数mg/l 程度であるが，出水時に生じる土壌流出に対応してしばしば高いSS濃度が観測されている．東海豪雨直後の2000年9月13日および14日の採水によるSS実測値はそれぞれ894 mg/l, 571 mg/l であり，1週間後の9月20日の時点でも180 mg/l と非常に高い濁りが長期間持続した．また，2001年8月22日の台風0111号に伴う出水時に日平均で261 mg/l, 2003年8月9日の出水時には381 mg/l に達し，その後100 mg/l 以上の高濁度が約4日間にわたって継続した．

こうした出水時の流域からの土壌流出については，陸上からの土壌流出量は土地利用の形態によって大きく異なっており，耕作放棄地や荒廃地からの流出が特に大きいことが知られている．田中ら[7]は広島湾とその流入河川を例として，土地利用形態ごとの土壌浸食量の検討を行っている．この中で田中らは，広島湾に流入する河川の流域面積の70％以上を占める森林からの土壌浸食量が全体の30％にも満たないのに対し，面積ではわずか1.2％の開発地域や耕作放棄地からの土壌浸食量が44％を占めることを示した．

1·2 矢作川から知多湾への窒素・リン負荷の特性

米津橋を流下する窒素・リンの量を矢作川から知多湾への負荷量と定義し，2000年6月の調査開始時から2004年までの毎年6月8日から翌年の6月7日までを1年間の単位として合計4年間について各物質の形態別の負荷量を算定した．SSの負荷量は濁度計による1時間ごとのSSの値に時間流量 Qt を乗じて

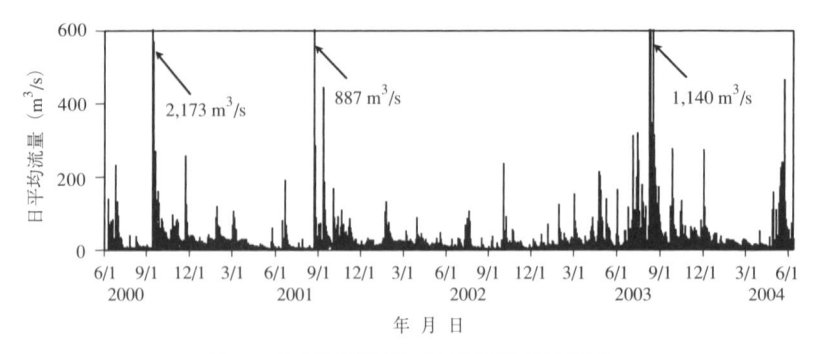

図 7・2　矢作川の米津橋における日平均流量の変動

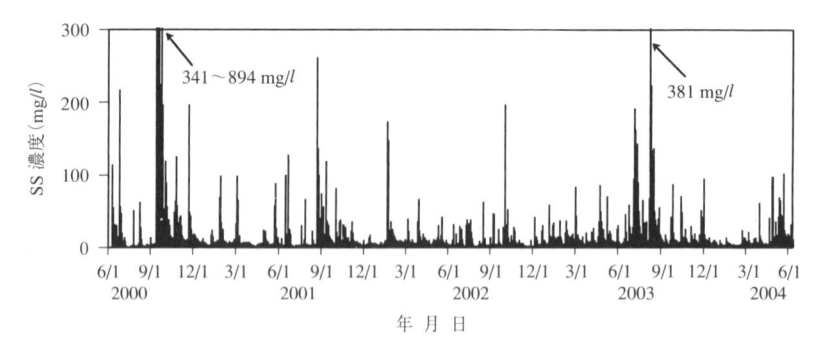

図 7・3　矢作川の米津橋における日平均懸濁物質濃度（SS 濃度）の変動

算定した．懸濁態窒素（PN），懸濁態リン（PP）の負荷量は，Qt と PN，PP の関係式から各時刻の PN，PP 濃度を推定し，これに SS 負荷量を乗じることによって算定した．また，溶存態窒素（DTN），溶存態リン（DTP）の負荷量については，月 1～2 回の採水による実測値を線形補間して毎日の値を推定し，日流量を乗じることによって算定した．

図 7・4，図 7・5 に各物質の負荷量について 4 年間の変動と 2000 年 9 月の東海豪雨ならびに 2003 年 8 月の台風 0310 号に伴う出水後 1 週間のものをあわせて示した．年間総負荷量に占める懸濁態，溶存態の割合は窒素とリンで大きく異なる傾向を示した．すなわち，全窒素負荷量（T-N 負荷量）に占める懸濁態（PN）の割合はもっとも低い年で 12 %，最大でも東海豪雨が発生した 2000～2001 年の 41 % といずれの年も半分以下であるのに対し，リンでは懸濁態の割合が高く，

全リン負荷量（T-P 負荷量）に占める懸濁態（PP）の割合は最小でも 45 %，最大で 78 %に上った．

また，年間総負荷量に対して大規模出水時の負荷が占める割合は極めて大きい．東海豪雨後 1 週間の流量は年間総流量の 24 %を占め，このとき T-N の負荷量は年間総負荷量の 45 %であったが，SS では 83 %，T-P では 65 %を占めていた．

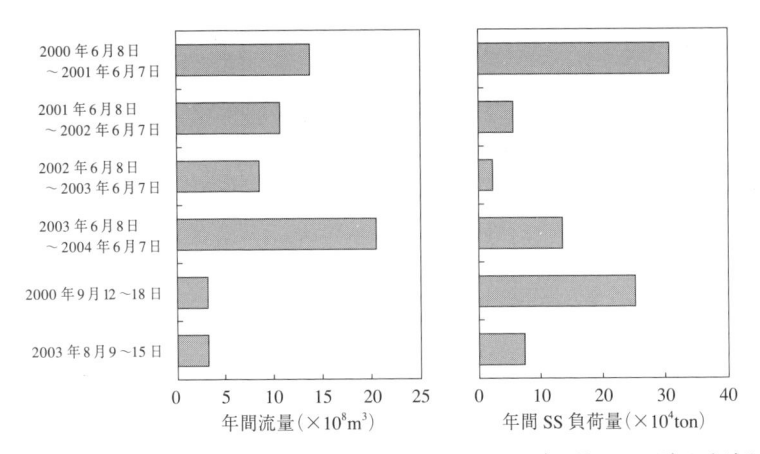

図 7・4　各年および大規模出水時（2000 年 9 月 12 ～ 18 日，2003 年 8 月 9 ～ 15 日）における矢作川からの淡水，懸濁物質（SS）の負荷量

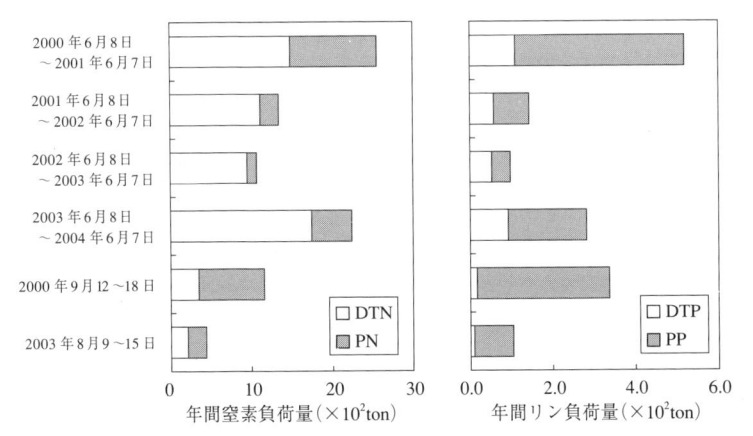

図 7・5　各年および大規模出水時（2000 年 9 月 12 ～ 18 日，2003 年 8 月 9 ～ 15 日）における矢作川からの窒素，リンの負荷量

また，2003年8月の出水後1週間についても，流量は年間流量の17％に対し，SSは年間負荷量の55％，T-P負荷量は37％と流量比以上に負荷されていた．

年変動幅についてみると，流量は最少で2002～2003年の8.6×10^8 m^3から最大で2003～2004年の20.5×10^8 m^3の範囲で変動し，4年間で2.4倍の変動幅であった．これに対して，SS負荷量は東海豪雨の発生した2000～2001年に30.7×10^4 tonともっとも多く，最小値2.5×10^4 ton（2002～2003年）からの変動幅は12倍と流量比よりも著しく大きい．また，T-N負荷量の変動幅は10.9×10^2～25.7×10^2 tonNと流量と同程度の2.3倍であるのに対し，T-Pの変動幅は1.01×10^2～5.23×10^2 tonPと5倍を超えて流量，T-Nよりも大きく，SSと類似した変動を示した．

1・3 出水時の懸濁物質負荷がN：P比に及ぼす影響

このような出水時の懸濁物質負荷に伴うリン負荷の増大は海域へ負荷される窒素とリンの比にも大きな影響を及ぼしている．海洋の植物プランクトンは，平均的に一定の炭素，窒素，リンの割合で構成されている．これはレッドフィールド比と呼ばれ，C：N：P＝106：16：1であるとされている．海水中に存在する窒素とリンの比率（N：P比）を16と比較し，N：P比が16よりも大きければ，植物プランクトンにとって，リンが相対的に不足し，逆に16よりも小さければ，窒素が不足し植物プランクトンの増殖を制限することになる．この意味で河川から海域への負荷のN：P比は重要な意味をもっている．山本ら[8]が公共用水域の水質測定結果からまとめた瀬戸内海に流入する河川の平均TN：TP比によれば，最低でも淀川の24であり，すべての河川でレッドフィールド比よりかなり高い値を示している．

一方，矢作川の場合（表7・1）溶存態全窒素・全リンの原子比（DTN：DTP）比はいずれの年も約30～40前後の範囲を示し，山本らの結果と同様にレッドフィールド比よりかなり高い値となっている．しかしながら，懸濁態の比率PN：PP比が6前後と低いためにこれらを加えたT-N：T-P比でみると11～24と大幅に低下した．また，その値はSS負荷量が最少であった2002～2003年でもっとも高く，SS負荷量の増加に伴って小さくなる傾向がみとめられた．とくに懸濁物質の負荷が集中する豪雨後のT-N：T-P比はさらに低く10を下回っていた．

このように，出水時に発生する集中的な懸濁物質負荷を考慮すれば，リン負荷量の算定値は大きく増加し，負荷N：P比は低下するものと考えられる．懸濁態リン負荷，とくに出水時の集中的負荷は，海域への負荷N：P比の変動に重要な役割を果たし，生物生産にも重大な影響を及ぼしているものと考えられる．

表7・1 各年および大規模出水時（2000年9月12～18日，2003年8月9～15日）における矢作川からの負荷の溶存態全窒素：溶存態全リン比（DTN：DTP比），懸濁態窒素：懸濁態リン比（PN：PP比）および全窒素：全リン比（T-N：T-P比）（いずれも原子比）

期間	DTN：DTP	PN：PP	T-N：T-P
2000年6月8日～2001年6月7日	30	5.7	11
2001年6月8日～2002年6月7日	41	6.1	20
2002年6月8日～2003年6月7日	38	6.5	24
2003年6月8日～2004年6月7日	41	5.8	18
2000年9月12～18日	46	5.6	7.6
2003年8月9～15日	46	5.6	9.5
4年間の平均	37	6.0	18

1・4 沿岸域の開発が海域環境に及ぼす影響

ここで，河川から供給された懸濁物質が海域の環境に及ぼす影響を沿岸域の開発との関連で整理してみたい．これまで述べてきたように，耕作放棄地などから出水時に大量の懸濁物質が負荷されること自体も重大な問題である．しかしながら，出水時に負荷された懸濁物質は本来であればその大部分が干潟や河口のヨシ原，藻場などの酸素の豊富な浅海域で一旦急速に沈降し，潮汐によって浮上・沈降を繰り返す浮泥となる．浮泥は底生生物の餌料になると同時に，リンの場合には，吸着・溶脱作用によって，リン濃度の増減に応じて懸濁物質に吸着している無機リンが少しずつ溶け出し，生物生産に有効に利用される．さらに浅海域では脱窒作用により過剰な窒素がガスとして放出され浄化される．このように，干潟や浅海域の存在はその緩衝機能を通じて沿岸域の安定した生物生産を支えている．

しかしながら，埋め立て・浚渫などによって干潟・浅海域の消滅した日本の大都市周辺の沿岸域では懸濁物質は直接深い海底に沈降・堆積し，貧酸素環境下で無機リン酸を一挙に放出することになる[9]．その結果，赤潮の引き金となり，その赤潮によって生産された有機物が沈降し，分解する過程で酸素を消費し，再

び貧酸素水塊の発生を引き起こす．こうして繰り返される赤潮と貧酸素の負の連鎖は，やがて水質浄化機能を有する健全な浅場へも波及し，底生生物の艶死を引き起こすことによって本来の浄化の場を負荷源へと転換させることになる[10]．

赤潮や貧酸素水塊の形成などの沿岸環境悪化の発生要因としては，従来廃水などの直接的な汚染要因が強調されてきたが，浅海域が消失することによって浄化機能（緩衝機能）が失われた海域に，流域の荒廃によって発生した土壌流出による栄養塩負荷が沿岸環境の悪化の一因となっていることも，より一層認識されるべき問題である．

§2. 河川流量の制御による漁場環境改善の可能性

わが国の河川の大部分には利水，発電，砂防など様々な目的のダムが建設され，その数は2,500以上にも及ぶ[11]．ダム建設は平常時の河川流量を低下させ，河川流域においてはいうまでもなく直接的に様々な問題を引き起こしている[12-14]．一方，海側からみても平常時の河川流量の低下は湾内水を停滞させることで間接的に赤潮や貧酸素水塊による被害を助長している可能性がある．三河湾では，夏季には流入する河川流量の10倍，冬季には20倍の湾内水がエスチュアリー循環により外海水と入れ替わるといわれており[15]，河川流量の変動が海域環境に及ぼす影響は極めて重大である可能性が高い．そこで，知多湾を対象とし湾内環境改善のための方策として窒素負荷の削減と河川最少維持流量の設定という2つの条件で数値モデルを用いたシミュレーションを行い，貧酸素水塊の規模ならびに溶存態無機窒素（DIN）濃度を指標としてこれらの効果を調べるとともに，知多湾の主要な漁業であるアサリとノリに対する影響について検討した．

2·1 数値シミュレーションモデルおよび応答実験の概要

対象とした矢作川の集水域は水資源開発が進み，上流には矢作ダムをはじめ様々な目的のダムが幹線上のみで7つ建設され，明治用水に代表されるような極めて高度な水利用がなされた結果，日本でも有数の河川利用率を示すに至っている[16]．年により差があるが，調査を行った期間においては春から夏にかけて低流量となる場合が多く，2001年の5月から8月にかけてはいずれの月も20 m^3/s 以下となる日数が20日間以上であった．また，2002年は8月のほとんどで10 m^3/s 以下となっていた他，同年ノリ漁期の11月から翌年の1月にかけては，

いずれの月も 20 m³/s 以下となる日数が 20 日間あり, とくに 11, 12 月には, 10 m³/s 以下のケースも 10 日以上観測された. そこで, 応答実験の対象期間は貧酸素水塊については夏季に著しい渇水となった 2001 年, DIN 濃度については冬季に低流量となった 2002 年とした.

解析に用いた知多湾の 3 次元物質循環モデルのうち, 物理モデルは Princeton Ocean Model (POM) をベースとし, 潮流モデルを導入して知多湾に適用した. 生物・化学モデルは植物プランクトン 2 種 (珪藻類と非珪藻類), デトリタス, 溶存酸素 (DO), リン酸態リン (PO_4-P), 懸濁態有機リン (POP), 溶存態有機窒素 (DON), アンモニア態窒素 (NH_4-N), 硝酸態窒素 (NO_3-N), 懸濁態有機窒素 (PON), ケイ酸態ケイ素 (DSi), 粒子態ケイ素 (PSi) で構成し, 物理モデルと結合して 3 次元化した. 壁面境界条件は伊勢湾, 渥美湾を含む大領域からのネスティングで与えた (図 7・6). 陸域からの境界条件として矢作川, 豊川, 木曽三川からの河川流量・栄養塩負荷量の他, 5 つの浄化センターからの下水流入負荷を与えた. 河川流量・負荷のうち豊川, 木曽三川については国土交通省により得られている既存のデータを用い, 矢作川については, 筆者らの研究グループにより取得された形態別栄養塩負荷のデータから窒素, リン, ケイ素について流量と負荷量の関係式 (L-Q 式) を作成し, 河川流量とともに各元素

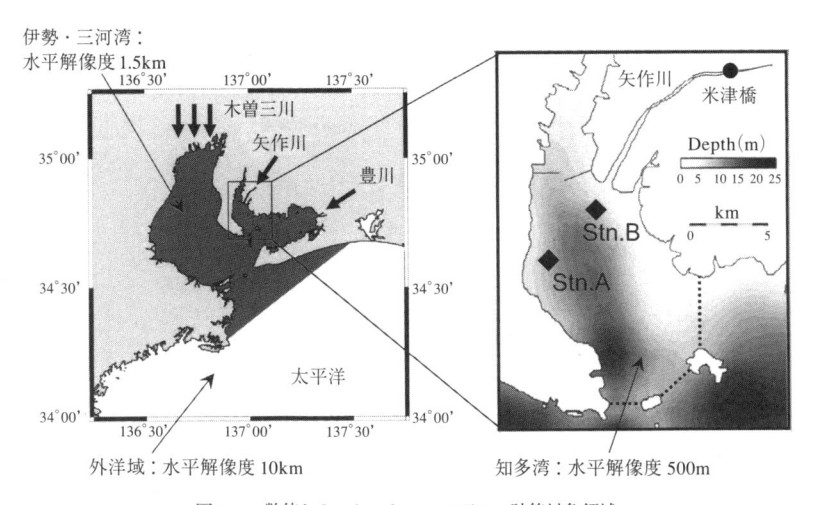

図 7・6　数値シミュレーションモデルの計算対象領域

の負荷量を変化させ応答実験を行った[5]．

2・2 夏季のDO濃度の改善効果

アサリの生産を維持するためには夏季の湾奥西部底層において発達する貧酸素水塊を抑制する必要がある．そこで，夏季に矢作川の流量が10 m³/sを2ヶ月近く下回った2001年について，最少維持流量を変化させ，その他は現実的な外部条件の下で応答実験を行った．湾奥西部海域（図7・6 Stn.A）底層の溶存酸素（DO）濃度について改善効果を検討した結果，矢作川の最少維持流量を20 m³/sに設定して計算した場合にアサリの生息に必要なDO濃度の基準値3 mg/lを上回った（図7・7 (a)）．一方，河川流量は現状のままでDTN負荷削減のみの条件でDO濃度が3 mg/lを下回らないためには，矢作川からのDTN負荷の50%削減が必要であった（図7・7 (b)）．

黒田・藤田[17]は三河湾における毎月の観測データを解析し，三河湾の貧酸素水塊の最大面積は前年度および同年の積算流量と高い負の相関があることを示した．また，中嶋・藤原[18]は河川流量と海域の塩分観測データに基づいて計算した東部大阪湾のエスチュアリー循環流量と東部海域における8月の底層DO濃度の経年変動を比較し，エスチュアリー循環流量が大きくなるとDO濃度が高くなることを示した．そしてその要因として，エスチュアリー循環流が強化されることで混合域から内湾下層へのDO供給量が増大し，DO濃度が上昇しているものと考察している．知多湾の場合にも大阪湾と同様に比較的水深が浅いため，河川流量がある程度維持される場合には，同様のメカニズムにより現状よりもDO濃度が上昇したものと考えられる．

2・3 冬季のDIN濃度の改善効果

一方，冬季にノリの色落ちを防いで安定的な生産が行われるためには，赤潮の発生を抑制し，DIN濃度をある程度維持する必要がある．そこで，冬季に矢作川流量が10 m³/sを下回った2002年について，夏季のアサリと同様に矢作川の最少維持流量を変化させた応答実験を行い，湾奥東部海域（図7・6 Stn.B）表層のDIN濃度について改善効果を検討した．最少維持流量を10 m³/sに設定して計算したところ，ノリの安定生産に必要な条件，DIN濃度=100 μg/lを上回った（図7・8 (a)）．一方，河川流量は現状のままでDTN負荷を増加させるのみの条件で計算を行った結果，DIN濃度= 100 μg/lを上回るためにはDTN負荷を

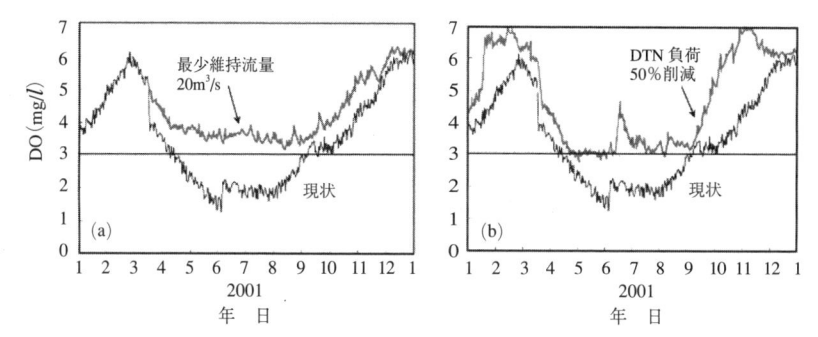

図7・7 知多湾湾奥西部海域底層における溶存酸素（DO）濃度の現状と (a) 溶存態全窒素（DTN）負荷は削減せず矢作川の最少維持流量を 20 m³/s に設定した場合，(b) 河川流量はそのままで DTN 負荷のみを 50％削減した場合の比較

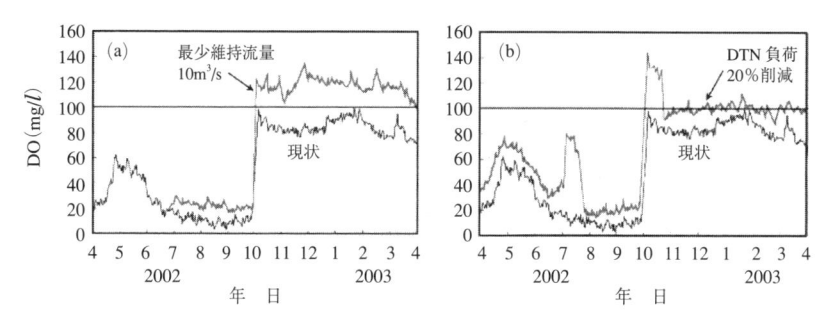

図7・8 知多湾湾奥東部海域表層における溶存態無機窒素（DIN）濃度の現状と (a) 溶存態全窒素（DTN）負荷は削減せず矢作川の最少維持流量を 10 m³/s に設定した場合，(b) 河川流量はそのままで DTN 負荷のみを 20％増加させた場合の比較

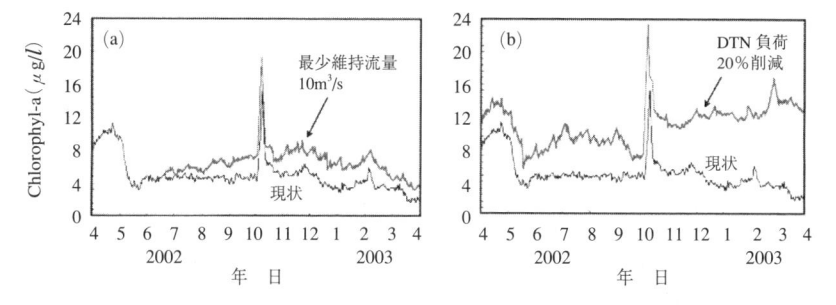

図7・9 知多湾湾奥東部海域表層におけるクロロフィル a 濃度の現状と (a) 溶存態全窒素（DTN）負荷は削減せず矢作川の最少維持流量を 10 m³/s に設定した場合，(b) 河川流量はそのままで DTN 負荷のみを 20％増加させた場合の比較

20%増加する必要があった（図7・8 (b))．ここで，DIN濃度の基準値，100 μg/l を上回った上記2つのケースについて，クロロフィル a 濃度の変化を図7・9 (a), (b)に示した．いずれのケースとも現状よりもクロロフィル a 濃度が上昇したが，その傾向はDTN負荷を増加させた方が顕著であった．

洞海湾では栄養塩濃度は周年にわたり高いにも関わらず，高水温期に珪藻赤潮が発生するのみで，赤潮構成種として鞭毛藻類が優占することはほとんどない[19]．この理由として多田ら[14]は，同湾では河口循環流が強く，植物プランクトンの増殖速度が遅い場合には赤潮密度に達する以前に押し流されてしまうことを主要因として指摘している．最少維持流量を設定することによって河川流量を増加させると当然海域への負荷量は増加するが，同じ栄養塩レベルを維持しながらもクロロフィル a 濃度に大きな違いが生じるのはこのようなメカニズムが働いているものと推察される．

2・4 流域圏全体の物質循環を考慮した沿岸環境の改善に向けて

以上のように物質循環モデルを用いた数値実験から，河川流量の制御により内湾環境を改善し，貧酸素水塊や赤潮の規模の縮小を通じてアサリ・ノリなどの水産物の安定的生産に寄与できる可能性が示された．わが国では戦後の社会発展に伴ってダムをはじめとする多くの河川構造物が建設されてきた．ダムは農業・工業用水や電力の安定的供給，洪水調節などを通じてわれわれに多くの恩恵を与えてきた一方で河川流域や海域の生態系に及ぼしてきた影響もまた大きい．最近では新しい水利用のかたちとして，生活用水，工業用水，発電用水，農業用水などと同じ土俵の上で漁業のための水を位置づける「漁業用水」という新しい水利用の概念も生まれている[20]．筑後川では有明海のノリ養殖業者などの要請によりダムからの放流が行われ，福岡，佐賀県のノリ漁場内の溶存態無機窒素濃度の確保が図られている他，瀬戸内海においても冬季のノリの生育環境維持のために岡山県の吉井川，高梁川水系のダムから緊急放流が行われている．また，河川流量の変動はアサリに対して貧酸素水塊を通じた影響以外にも，浮遊幼生の移動分散や餌料環境を通じて影響していることは容易に想像でき，この点についても他の生物との関係も含め今後検討すべきであろう．Yamamoto[21]は，ダムや廃水処理施設からの放流の水量やタイミング，元素比などの調整を行うことで沿岸海域の低次生態系をコントロールすることを提案している．こ

うした考え方は，海の環境保全，沿岸漁業の安定的生産を維持する上で極めて重要であり，漁業者と利水者との連携を図りつつダムなどの弾力的運用によって沿岸漁業のための水の運用を実施することが望まれる．

一方で，閉鎖性海域の環境に著しい改善が見られない要因は，河川流量の減少以外にも過剰な栄養塩負荷，浄化の場となる干潟・浅場の消失など様々な要因が絡み合っている．このため，改善方策も様々な手法の組み合わせにより実施すべきであると考えられる．また，流域に関わる人々の合意形成も重要な課題であることから，これらの手法を実際に現場に適用するためには，より詳細なデータの蓄積と慎重な検討が必要である．

本稿をまとめるに当たり，国土交通省中部地方建設局豊橋河川事務所ならびに明治用水土地改良区には矢作川における観測実施のご協力および流量データの提供をいただいた．また，愛知県建設部下水道課には下水処理場からの負荷のデータをご提供いただいた．また，本研究は水産総合研究センター交付金プロジェクト研究「森林・農地・水域を通ずる自然循環機能の高度な利用技術の開発」ならびに農林水産技術会議委託プロジェクト研究「流域圏における水循環・農林水産生態系の自然共生型管理技術の開発」の一環として行われた．データ収集ならびにとりまとめに際しては愛知県水産試験場ならびに中央水産研究所の関係者に多大なるご支援をいただいた．このような研究は現場関係者の支援なくしては成り立たないものであり，末尾ながらここに記して関係各位に感謝の意を表するものである．

文 献

1) 鈴木輝明：干潟の水質浄化機能と三河湾，日本水産資源保護協会月報，440，7-14，(2001)．
2) 山本民次：瀬戸内海が経験した富栄養化と貧栄養化，海洋と生物，27，203-210，(2005)．
3) T. Yamamoto: The Seto Inland Sea -Eutrophic or ologotrophic?, *Mar. Pollut. Bull.*, 47, 37-42, (2003).
4) K. Tanaka, M. Kodama, T. Sawada, M. Tsuzuki, Y. Yamamoto and T. Yanagisawa: Flood event loadings of nitrogen and phosphorus from the Yahagi River to Chita Bay, Japan, *Jpn. Agric. Res. Quart.*, 43, 55-61, (2009).
5) 児玉真史・小松幸生・岡本俊治・黒田伸郎・荒川純平・村上眞裕美：河川流量の制御による内湾環境改善の可能性，用水と廃水，50，60-66，(2008)．

6) C. Yoshimura, T. Omura, H. Furumai, and K. Tockner: Present state of rivers and streams in Japan, *River Res. Appl.*, **21**, 93-112, (2005).

7) 田中勝久・豊川雅哉・澤田知希・柳澤豊重・黒田伸郎：土壌流出によるリン負荷の沿岸環境への影響, 沿岸海洋研究, **40**, 131-139, (2003).

8) 山本民次・北村智顕・松田 治：瀬戸内海に対する河川負荷流入による淡水, 全窒素および全リンの負荷, 広島大学生物生産学部紀要, **35**, 81-104, (1996).

9) K. Tanaka, K. Okamura, K. Kimoto, H. Yagi, and M. Kodama: Citrate-Dithionite-Bicarbonate Extractable Phoshprus (CDB-P) Pool in the Suspended and Surface Sediments of the Tidal Flat Area in Inner Ariake Bay, Japan, *J. Oceanogr.*, **63**, 143-148, (2007).

10) 鈴木輝明・青山裕晃・畑 恭子：干潟生態系モデルによる窒素循環の定量化－三河湾一色干潟における事例－, 海洋理工学会誌, **3**, 63-80, (1997).

11) 天野礼子：ダムと日本, 岩波新書, 2001, 231p.

12) 田子泰彦：神通川と庄川におけるサクラマス親魚の遡上範囲の減少と遡上量の変化, 水産増殖, **47**, 115-118, (1999).

13) 野崎健太郎・内田朝子：河川における糸状藻類の大発生, 矢作川研究, **1**, 45-58, (2000).

14) 児玉真史・田中勝久・澤田知希・都築 基・山本有司・柳澤豊重：矢作川下流におけるDSi:DIN 比の変動要因, 水環境学会誌, **29**, 93-99, (2006).

15) 宇野木早苗：内湾の鉛直循環流と河川流量との関係, 海の研究, **7**, 283-292, (1998).

16) 今井勝美：矢作川の水収支の概要, 矢作川研究, **1**, 45-58, (2000).

17) 黒田伸郎・藤田弘一：伊勢湾と三河湾の貧酸素水塊の短期変動及び長期変動の比較, 愛知県水産試験場研究報告, **12**, 5-12, (2006).

18) 中嶋昌紀・藤原建紀：大阪湾のエスチュアリー循環流と貧酸素水塊, 沿岸海洋研究, **44**, 157-163, (2007).

19) 多田邦尚・一見和彦・濱田建一郎・上田直子・山田真知子・門谷 茂：洞海湾の河口循環流と赤潮形成, 沿岸海洋研究, **44**, 147-156, (2007).

20) 真鍋武彦：新しい水の概念「漁業用水」～漁業の持続的発展をめざして～, *Ship Ocean Newslett.*, **31**, 2-3, (2001).

21) T. Yamamoto: Proposal of mesotrophication through nutrient discharge control for sustainable estuarine fisheries, *Fish. Sci.*, **68**, Supplement, 538-541, (2002).

8章　河口部における二枚貝の生息環境とその保全

天野 邦彦[*1]

　河口汽水域は，河川に代表される淡水環境と海洋に代表される塩水環境とが接する場所であり，動的かつ複雑な環境変化に応じて貝類が生息している場所である．貝類の生息という観点で河口汽水域の環境をみた場合，主に底質と水質特性が生息する貝類の種類や量を直接的に強く規定する要素であると考えられる．貝類の生息に影響する底質の粒径は直上の水流に影響を受けるため，流速の速い澪筋部や浅部では大きめの粒径分布を示す．また，水質についてみると縦断的には海側で，横断的には深部で，塩分が高くなり，富栄養化した水域では深部で溶存酸素が低くなる．

　貝類の生息を直接的に強く規定すると思われる底質と水質の分布に影響し，これらを形成するのは，地形，河川流量や潮汐といった物理的特性であるので，河口部における貝類の生息環境の概要を決めるのは河口地形，河川流量や潮汐ということになる．

　しかし，とくに高度経済成長期以降に，河口は埋め立てや浚渫などで地形の改変を受けたり，河川流量も取水などにより変化を受けていることが多い．自然環境の保全，復元に対する社会の関心が強まる中，このように改変を受けた環境を修復して，良好な自然環境を復元しようとする自然再生事業が始まっている．今後，河口部においても，このような事業の進展が望まれるが，その際には地形，水質，底質といった物理環境と生物との関連性を把握して，適切な修復を行う必要がある．

　ここでは，河口部の生態系の重要な要素であるとともに，水質・底質といった物理環境の影響を直接受けやすい貝類に着目して，地形や水質・底質などの物理環境と生息する貝類の量・種との関連性を把握することを目的として，愛知県豊川河口域において実施した現地調査とこれが示唆する環境保全の方向性について述べることとしたい．

[*1]　（独）土木研究所　水環境研究グループ

§1. 豊川の概要と現況調査

豊川は流域面積 724 km², 幹川流路延長 77 km, 段戸山 (標高：1,152 m) を源流に設楽町, 新城市, 豊川市および豊橋市を通り三河湾へ流れる一級河川である. 豊川下流域は昭和40年代より放水路・護岸・埋め立てなどによる人為的な地形変化を受けている (図8·1). 豊川が流入する渥美湾においては, 富栄養化により夏季に底層の溶存酸素が欠乏するために, 水深の深い場所では, 貝類が生息することができない. また, 強い離岸風が生じた場合に貧酸素の底層水が沿岸に湧昇し, 苦潮と呼ばれる現象が生じると, 沿岸においても魚介類の斃死を招く. 豊川河口部は, 浚渫により河床が掘削されたという経緯があり, 水深が深くなっている箇所が存在するため, 満潮時には溶存酸素濃度が低い塩水が侵入し, 貝類の生息には厳しい環境になっている.

現地調査をヤマトシジミ *Corbicula japonica* の生息域である豊川汽水域 (放水路分岐付近：本川 11.6 km) からアサリ *Ruditapes philippinarum* 稚貝で有名である三河湾に面した六条干潟を含む河口汽水域を対象に行った. まず, 本川 6.8 km 付近から海域までの約 4.7 km² で深浅測量調査を行うことで, 詳細な地形情報を入手するとともに, 河口域における貝類の生物相と生息量を把握するために, 貝類などの試料採取調査を実施した. 調査は図8·2に示す海水の影響の異なる5区域32地点で行い, A区域：海域 (8地点), B区域：常に海水と淡水が混合している河口域 (11地点), C区域：海水の影響が強いと思われる河川域 (7地点),

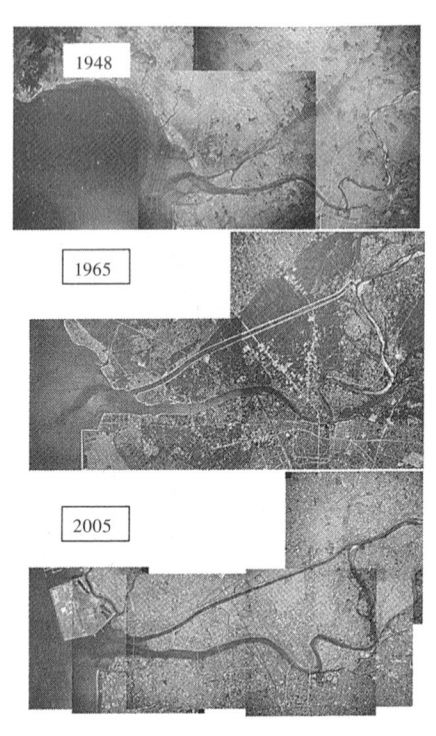

図 8·1 航空写真にみる豊川河口部の環境変遷

D区域：海水の影響が弱いと思われる河川域（3地点），E区域：放水路（3地点）で行った．また，図8・2に示す5地点において，自記式多項目水質計を設置し，2007年5月12日から6月2日にかけての20昼夜連続的に水質（塩分）を計測した．設置水深は表層（水面下50 cm）と底層（底上50 cm）の2層とし，表層に設置する計器については水位の変化に追従するように係留した．測定間隔は10分間とした．

§2. 地形特性と底質特性

全体的に豊川河口域は水深が5 m未満と浅い河口・海域であるが，所々澪筋により深い場所が形成されている．また，河口右岸側の埋め立て地の近くには深くなっている部分がある．各区域の特徴をまとめると，以下のようであった．

（図8・3に底質の粒径分布，また図8・4に底質組成を示す．）

A区域：岸側は砂質で水深1～2 mの浅場であり，なだらかな傾斜が沖に向かっており，急斜で水深8 m程度の深場となっている沖側（Stn.A4，A8）はでシルト・粘土質の泥底であった．また，水深が深い部分の底質は有機質を多く含んでいた．

B区域：豊川本川と放水路の流入部が合流する河口域は澪筋など複雑な地形を形成しており，浄化センターに近い箇所（B1）では水深が4～5 mと深くなって

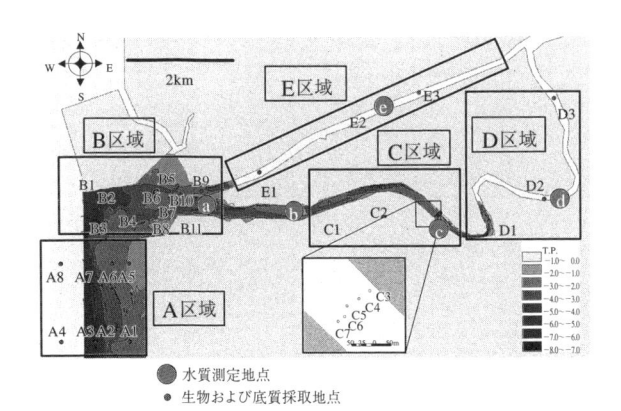

図8・2 調査地点と区域分類
水深測定結果も表示している．T. P. は，東京湾平均海面を示す（単位m）．

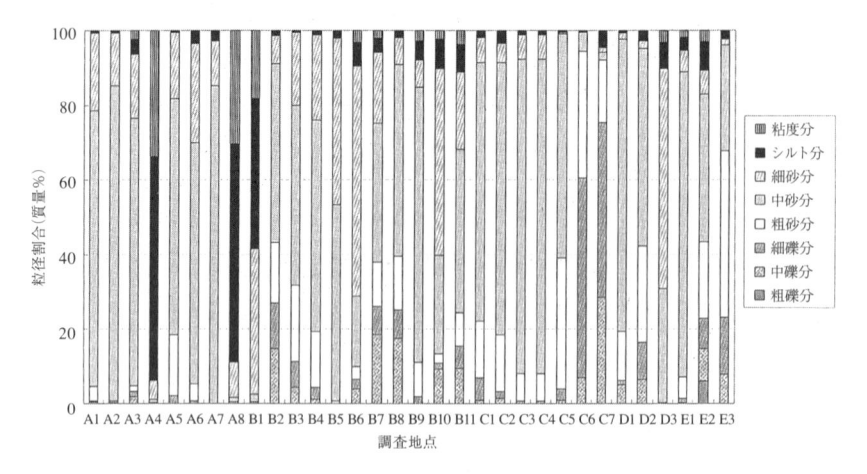

図 8・3 各調査地点における底質の粒径割合（質量比）

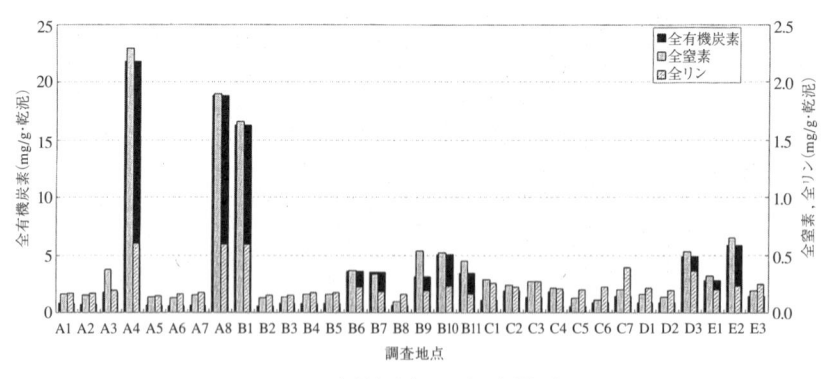

図 8・4 各調査地点における底質組成

おりシルトと細砂が中心の泥底で有機質であった．埋め立て地付近が深場となっているのは埋立てのために土砂採取されたためと思われる．その他の調査点では水深 1〜2 m と浅場であった．

C区域：海域の影響が強いと思われる下流の Stn.C1 では砂質に礫が混ざっており，蛇行部に近い調査点では，右岸側（Stn.C3，C4）では砂質，左岸側（Stn.C6，C7）では粗砂や細礫が優占していた．

D区域：蛇行部に近い Stn.D1，D2 では水深 2〜3 m 程度と下流のC区域よりも深くなっており，砂質に粗砂や礫が混在していた．上流の Stn.D3 では細砂質

で，シルトが混在していた．

E区域：河口にもっとも近い Stn.E1 では礫やシルトが混在した砂質であり，上流側の Stn.E3 では粗砂の割合が高かった．この区域は，放水路であり，出水時以外は，ほとんど淡水の流れがないために塩分が高い区域である．

§3. 塩分および溶存酸素濃度変化特性

図 8·2 に示す Stn. A〜E における底層（水底上 50 cm）において，塩分および溶存酸素濃度を観測した結果を図 8·5 に示す．海域に近い Stn.A や Stn.B ではおおむね海水と同程度の塩分（32 psu 前後）であるが，干潮時には塩分が大きく低下していることがわかる．1日の間の塩分の変化は 20 psu に及ぶこともあり，潮汐の影響を強く受けている．また，Stn.C においては，1〜30 psu までの濃度変化があり海域の影響を受けている河川域であることが確認できるが，Stn. A, B に比べて上流に位置する分，塩分は低めである．Stn.D では，普段は 5 psu 以下の淡水であるが，小潮時などの底層部では 15 psu 付近まで塩分が上昇しており，当箇所までは塩水が遡上していた．また放水路の Stn.E では，普段は本川からの水供給がないため，河口から同程度離れている Stn.C よりも塩分変動が小さく，底層部においては常に 15 psu の塩分があった．観測期間中の 5 月 25 日から 26 日にかけて，降雨により時間最大流量約 480 m^3/s の出水に伴い，塩分が全ての地点において一時的に下がっていた．

溶存酸素濃度の変化は，塩分変化と逆の相関関係を示している．塩分が上昇する満潮時に呼応して溶存酸素濃度が下がっている．湾の底層に存在する低酸素水塊が満潮時に河口汽水域に侵入するためにこのような相関があると考えられる．

§4. 貝類分布

貝類調査の結果を表 8·1 に示す．A区域の浅場および B 区域の沖側ではアサリが優占しており，干潮時には干上がってしまう岸側（Stn.B5，B8）ではウミニナ *Batillaria multiformis*，ホソウミニナ *Batillaria cumingii* が出現していた．C区域において，下流の Stn.C1 ではアサリとホトトギスガイ *Musculista senhousia* が出現し，その他の地点ではヤマトシジミが優占していた．D区域において Stn.

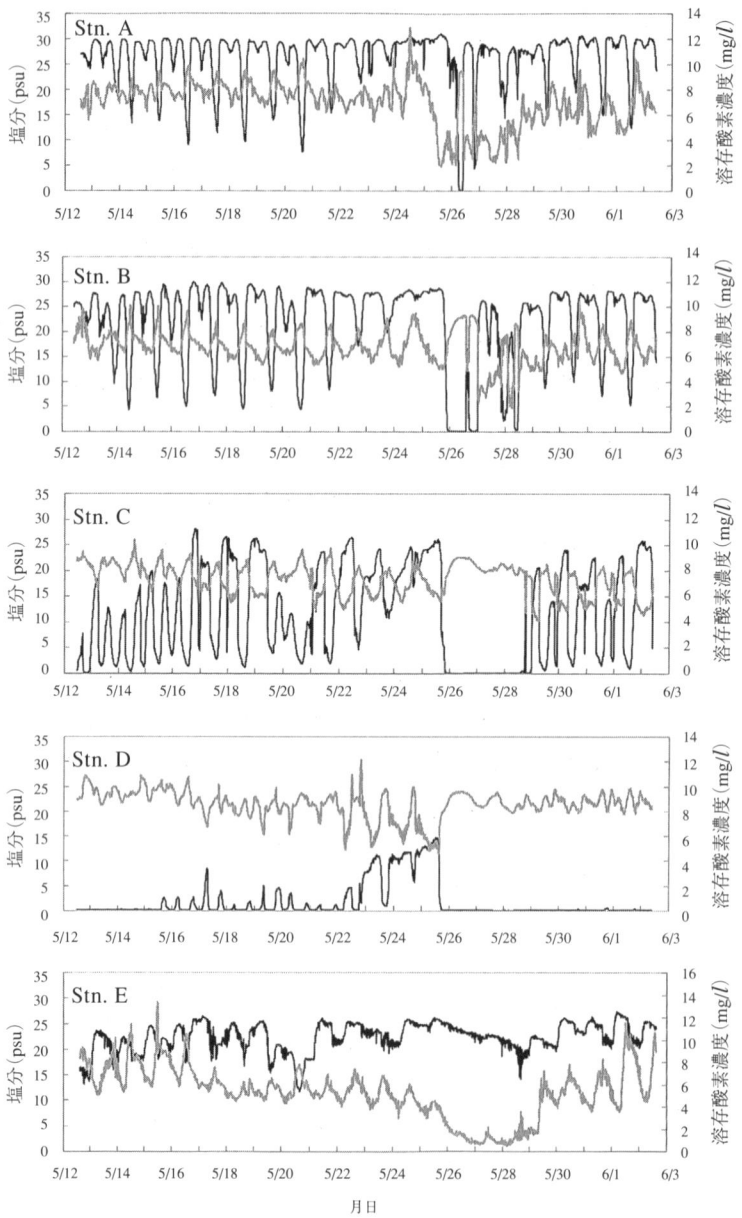

図 8·5 塩分と溶存酸素濃度の変化
黒線が塩分，グレー線が溶存酸素濃度を示す．

8章 河口部における二枚貝の生息環境とその保全

表 8・1 採取された貝類

種名	A1	A2	A3	A4	A5	A6	A7	A8	B1	B2	B3	B4	B5	B6	B7	B8	B9	B10	B11	C1	C2	C3	C4	C5	C6	C7	D1	D2	D3	E1	E2	E3
イシマキガイ																				1	11		6	7	5	31	146	2			1	
Assiminea sp.																				16										89		
エドガワミズゴマツボ													2				11			2						9	13			2		
カワグチツボ																													46			
チリメンカワニナ																																
ホソウミニナ									1				156	1		35	1															
ウミニナ														40		35																
Batillaria sp.															2																	
アラムシロガイ												4		1	14	1																
トウガタガイ科	13	3								4	2	3																				
スイフガイ科	4	1				11																								4		
ウミゴミ目																		1														
サルボウガイ		1					1								1																	
Scapharca sp.								5	2																	2						
コウロエンカセパリガイ																			1												1	
ヒパリガイ属	10	1	10			1	167				2		2	21	10	4	18	12	930	6							1				14	2
ホトトギスガイ			6				1																								6	
ムラサキイガイ			34	1			3	5																							13	
チヨノハナガイ											4	170	4	4		27	9	6														
シラトリガイ属	23	2		20	2			1							7																2	
ユウシオガイ											4				16																	
ニッコウガイ科			1				5	1										1									1					
シズクガイ														1																20		
マテガイ													1																			
ケシトリガイ															18					17		21	18	46	88	80	15	6			15	1
ヤマトシジミ																																
ヤマトシジミ属													1									37	24	20	13	50	53	7	6			
カガミガイ																																
アサリ	1,023	253	4	28	53	29	25	364	35	448	46	35	219	724	76	25	104	117									20				
マルスダレガイ科						2									1																	
イワホリガイ科					1					1						1																
オオノガイ	1	6										18		7	12	13	50	17	3		3	3	5	3	5	3	2	2	15	2		
種数	6	6	9	2	1	2	5	6	6	4	2	6	4	7	8	7	7	7	8	3	3	3	3	3	5	3	2	2	10	3
個体数	1,074	261	64	2	28	73	44	182	35	431	37	462	412	280	828	122	78	172	1,085	34	64	49	71	143	290	70	13	52	166	4	7

D1, D2ではヤマトシジミが優占していたが, Stn.D3では淡水域に生息するチリメンカワニナ *Semisulcospira reiniana* が優占していた. 放水路のE区域においてStn.E1, E2ではエドガワミズゴマツボ *Stenothyra edogawaensis*, チヨノハナガイ *Raeta pulchellus* など, 内湾河口域から汽水域にみられる種類が出現していたのに対し, Stn.E3では汽水域に多いヤマトシジミが優占していた.

　優占した貝類の生息箇所の塩分について検討すると, アサリは21.3〜31.4psu, ホトトギスガイは14.3〜31.5 psu, ヤマトシジミは3.5〜21.7 psuの塩分に生息しており, 文献で示されている河川可能範囲内に分布していた（アサリ・ホトトギスガイ：10〜32 psu[1], ヤマトシジミ：0〜22 psu[*2]）. 塩分と現存量についてみたところ, アサリは26 psu付近の塩分で現存量が大きくなっていた. アサリは塩分が高い環境を好むことが知られているが, 塩分30 psu付近のA区域では, 現存量が小さくなっていた. この理由としてA区域では個体数は多かったが稚貝ばかりであったことがあげられる. 当該箇所では愛知県により, 稚貝を採取して別の漁場で成長させていることから, 成貝が存在せずこのような結果になったと思われる. ヤマトシジミにおいては好適活性範囲が1〜25 psu[2,3]とされている. 今回の調査でも同様の傾向がみられた. とくに15psu付近に現存量のピークがみられることから, 15psu付近の塩分が成長に好ましい環境であると思われる.

　先述したアサリとヤマトシジミの生息可能な塩分範囲内での底質と現存量の関係についてみた結果, アサリについては現存量が多い地点は砂分が60％付近の地点に限られていた. 砂分が40％を切る地点は深場でシルト・粘土分が多く生息には適さないと考えられる. また, 砂分が多くても現存量が少ない地点は, 先述したように, 個体数は多いが稚貝ばかりであったことが考えられる. ヤマトシジミ個体数については, 砂分割合と負の相関, 礫分割合と正の相関を示していた. 濾過食者であるヤマトシジミは水管が短く, 体に取り込むのは底質直上水ではなく底質間隙水であるため[3], 個体特性にあった環境に生息していると思われる. 当該地区のヤマトシジミに関しては, 人の手が入りにくい深場は流れが速く, 底質の礫分が多かった. このような場所において個体数も現存量も多くなっている傾向があり, 漁業による人為的影響は無視できないが, アサリに比べて粒径の

[*2] （http://www2.pref.shimane.jp/naisuisi/kisui.html）

大きい底質を選好する傾向がみられた．A区域において浅場では1,000個体（0.1 m^{2}当たり）を超えるアサリが採取されたが，シルト・粘土の割合が高く有機物量の多い沖合の深場では，シズクガイ Theora fragilis など深場の泥底を好む種が僅かに確認できた．河口域であるB区域でも，浅場では多くの個体が確認された．また流心部であるStn.B7は流水が強いため，底質が細粒化することがなく，酸素供給や餌供給が少なくないため貝類の個体数がStn.B6よりも多いことが推測できた．

埋め立て地近くのStn.B1は水深が4.5 m程度あり底質も有機物量が多く粘土・シルト質であった．浚渫窪地のような深場では河川からの有機物が堆積しやすく貧酸素水塊が発生する確率が高くなる[4]．豊川河口部では2001，2002年に苦潮（青潮）が発生しアサリが大量死した漁獲被害を受けている．B区域近辺において国土交通省および愛知県で浚渫砂を利用した干潟造成などを行っており[5]，影響は緩和されていると思われるが，局所的に現存する深場もあり，今後さらなる対策が望まれる．

各調査地点での水深，塩分，底質組成などの物理環境と，採取された貝類の情報を用いて，Canonical Correspondence Analysis（CCA）と呼ばれる統計解析を行った結果を図8·6に示す[6]．この解析は，貝類の選好性や調査地点の環境特性を示すと考えられる物理環境の項目を分析して，2次元の図面上に示すというものである．この図上で近い場所にプロットされた貝類は，類似の環境を選好すると考えられ，またそのような環境を有する地点がその付近にプロットされる．さらに，図中に描かれた矢印は，このような環境特性の相違の方向を示している（矢印の長さは影響の強さを示している）．すなわち，塩分と書かれた矢印の方向に，塩分の違いにより区別される地点や貝類が並べられる．図8·6では左側に塩分が高い地点や塩分を好む種類がプロットされている．

この図をみると，豊川河口汽水域で貝類分布に最も影響をもつ物理環境は，塩分のようである．貝類調査結果からは，海水の影響が強いA，B区域でのほうが貝類の数は多かった．水深が2番目に影響が大きい物理環境と考えられる．水深が大きい場所では，粒径が小さく，有機物量が多い底質特性を示すため，有機物量が水深と同じ方向，粒子サイズが逆の方向の矢印で示されている．

図8·6から，アサリは，塩分が高く，水深が比較的浅い環境を好んでいること

が示される．ヤマトシジミは塩分が低い場所（調査結果からは 5〜20psu の場所）を好むことが示された．干潮時には水が干上がるような水際の非常に浅い地点では，ウミニナなどの巻き貝が多くみられたが，CCA の結果もこれを支持していた．

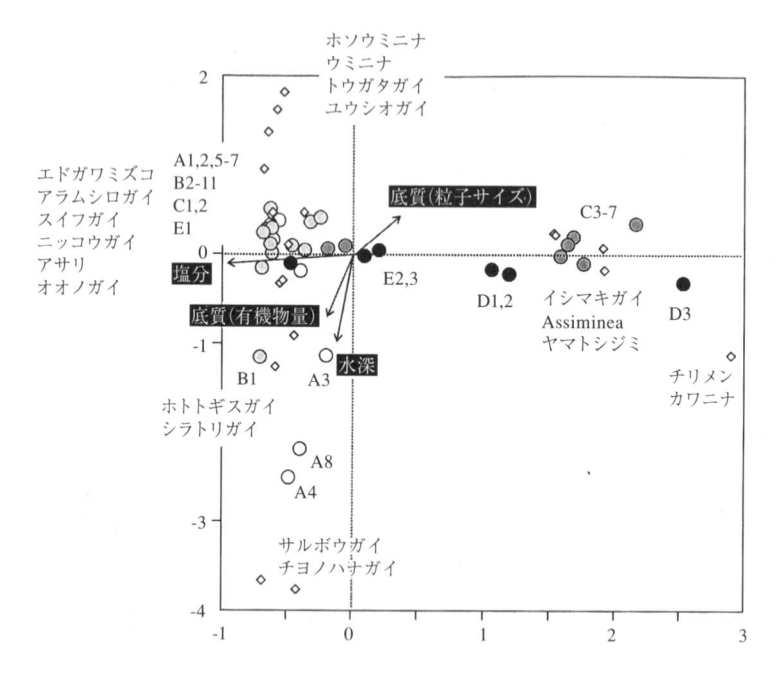

図 8·6 CCA による豊川河口汽水域の環境と貝類分布の分類
図中の丸印は調査地点の属性，菱形は貝類の属性の位置を示す．

§5. 環境保全に向けて

調査を始める前には，直感的に河口汽水域を図 8·2 に示したように 5 つの区域に分けていたが，現地調査結果と CCA は，この場所の環境分類は以下のようにできそうであるということを示している．すなわち，塩分の高い A, B 区域と C, E 区域の下流側で平均水深が 1〜3 m 程度の比較的浅い範囲は，アサリが優占する生息域と分類できそうである．塩分の高い区域でこれよりも浅い範囲はウミニナなどの巻き貝が優占する生息域，また A 区域で 3 m より深い部分はアサリの生息には適していないようである．C 区域の上流側半分，D 区域の下流端，

E区域の上流端はヤマトシジミが優占する生息域と考えられる.

　豊川河口域には，河床が浚渫により深くなっている部分がある．今回の調査結果をみると，このような部分を砂礫により埋め戻して環境修復を行うことで，従来のようにアサリが優占する場所として修復できる可能性が高いと考えられる．河口部付近の深掘れ部分を解消することは，満潮時に溶存酸素濃度が低い底層の海水が河口に侵入することも軽減する効果が期待できるため，貧酸素水塊侵入による底生生物への悪影響が緩和される．深掘れ部が解消されて，満潮時に底層部の海水の代わりに表層部の海水がより多く河口部に侵入すれば，表層海水は植物プランクトン濃度が高いため，これを濾過することで餌としている二枚貝にとっては，餌の観点からも有利になると考えられる．水深が浅く底質・酸素条件のよい箇所では現在でも貝類が量産されていることから，このような場所を拡げることが望ましい．

　また，この場所で同時に実施した安定同位体比調査結果は，アサリやヤマトシジミといった河口域の貝類は，海域で生産されたと考えられる有機懸濁物を多く摂取していることを示していた．河口前面の沿岸域は，河川から供給された栄養塩類を利用して植物プランクトンが活発に増殖している．干潟のような浅い河口地形が拡がっていれば，植物プランクトンを多く含む海水が満潮時にこのような浅場に供給されることで，そこに生息する貝類がこれを餌資源として利用しやすい生産性の高い場所になるであろう．反面，河口域では流下有機物の分解などにより酸素消費が活発に行われている．しかし浅場では水表面からの酸素供給により底層まで溶存酸素が保たれることから，環境を嫌気的にせずに生産，消費，分解が行われると期待できる．河口汽水域では，航路浚渫など，過去の改変の結果，人為的に形成された深場が存在する場合があるが，治水や舟運の制約が許すのであれば，貝類の生息場所の復元を行うとともに水質改善効果も期待できると考えられることから，このような状況を解消して浅場を修復することが期待される．

文　献

1) 伊藤　博：アサリとはどんな生き物か，アサリの生態，および漁協生産の推移，日本ベントス学会誌，57, 134-138 (2002).

2) 中村幹雄：日本のシジミ漁協　その現状と

問題点,たたら書房,2000,pp.1-17.
3) 富士昭:ヤマトシジミの生態と資源(総合報告),平成8年度小川原湖における貝類調査結果 最終総合解析報告書,52-62 (1997).
4) 佐々木 淳・磯部雅彦・渡辺 晃・五明美智尾:東京湾における青潮の発生規模に関する考察,海岸工学論文集,43,1111-1115 (1996).
5) 中田吉三郎:水質・底生生物等のモニタリングによる干潟造成効果の確認,浚渫土砂を活用した三河湾の干潟・浅場造成効果の検証,三河港湾事務所,15-30 (2005).
6) K. Amano, Y. Oshima, S. Nakanishi, S. Kobayashi, M. Denda, and K. Nakata: Environmental conditions and the distribution of benthic macroinvertebrates in the estuary of the Toyo River, Japan, Advances in hydroscience and engineering, *IAHR*, 8, 485-486 (2008).

9章　海域生態系への陸域系環境負荷とその緩和技術

野原精一[*1]・井上智美[*1]・広木幹也[*1]

　地球の陸と海のエコトーンである干潟生態系は現在，もっとも開発に曝されている生態系の1つである．これまで開発に対する総合的・科学的・客観的評価が十分に行われず流域管理の視点が不十分のため，環境アセスメントが法整備された今日でも一方の価値観から無限に開発される状況には変化がない[1]．日本においては明治以降，干潟を含む湿地は開発によって次々と姿を消してきた．1990年に存在する干潟は51,949 haで，そのうち前浜干潟が63.6 %，河口干潟が30.4 %，潟湖が5.5 %，その他0.5 %で，戦後だけでも干潟の約4割が消失したといわれる[2]．狭義の伊勢湾（図9・1）での干潟消滅率は15.1 %，三河湾では10.2 %と比較的緩やかであるが（表9・1），とくに高度成長期以降，沿岸域の大規模な埋め立て・開発により大小多数の干潟・藻場（表9・2）が消失してきた．WWFの報告書は日本の干潟環境に悪影響を及ぼしている主な要因をまとめ，埋め立て，人工護岸建設，富栄養化，河口堰の建設などの人為影響が重要であると報告している[3]．

　沿岸域の環境悪化はその場の環境改変だけによるものではない．上流における人為攪乱を定量的に影響評価し[4]，生態系の遷移に影響を及ぼす環境要因を特定することは今後益々重要である．そこで筆者らは沿岸域における自然共生度の評価指標を開発し，定量的な影響評価を試みている．具体的には河川河口域における塩生湿地・干潟および藻場の水文地形学および景観生態学的なユニット構造をリモートセンシングにより抽出し，ユニットごとに一次生産や分解速度などの物質循環機能と生物分布・群集構造との関係を明らかにして生物多様性の実態と生態系機能への人為影響を評価している．

[*1] 国立環境研究所

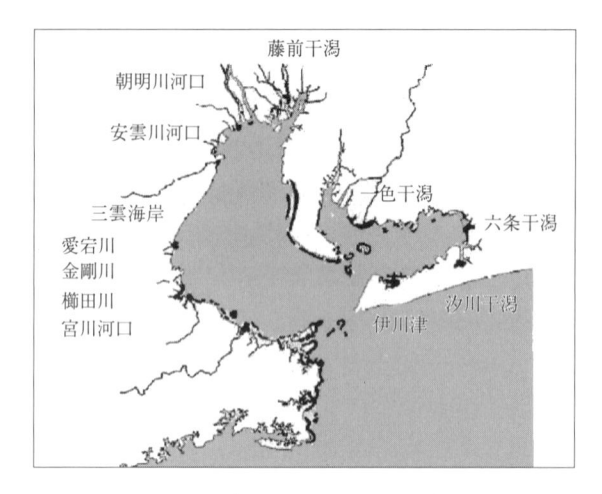

図9・1 伊勢湾内の藻場・干潟分布

表9・1 伊勢湾の干潟面積

区分	伊勢湾（狭義）	三河湾
現存干潟面積(ha)	1,395	1,549
消滅干潟面積(ha)	248	176
総干潟面積(ha)	1,643	1,725
消滅比(%)*	15.1	10.2

＊消滅比(%) ＝消失干潟面積／総干潟面積×100

表9・2 伊勢湾の藻場面積

県名	海域名	現存藻場面積(ha)	消滅藻場面積(ha)
愛知県	遠州灘	101	0
	伊勢湾(狭義)	217	23
	三河湾	638	169
	合計	956	192
三重県	伊勢湾(狭義)	1,992	17
	熊野灘	6,287	4
	合計	8,279	21

§1. 伊勢湾の富栄養化の現状

　伊勢湾の状況を他の海域と比較してみると，東京湾や大阪湾に比べ，COD負荷量は同程度，窒素，リンの負荷は幾分少ない（表9·3）．伊勢湾流域では，全国平均と比較しても下水処理人口普及率が低く（図9·2），地域内人口は東京湾，大阪湾流域の半分以下であるが，家畜頭数・山林水田面積にみられるように，農林業が盛んで自然と共生が可能な状況にある（表9·4）．また，伊勢湾の特徴として，他と比較して平均水深が小さいことがあげられる．これらのことが，伊勢湾水質の改善が遅れていることの原因の1つと考えられる．水質改善の遅れは，例えば，他の海域では赤潮発生が漸減しているにもかかわらず，伊勢湾では改善していないことにもみられる（表9·5）．

　この表における流域からの窒素負荷量を，伊勢湾と東京湾で比較した(図9·3)．先に説明したように，下水処理の割合が低いこと，農林水産関連の負荷が多いことに加え，日平均排水量が50 m³未満の小規模事業場（未規制）からの負荷

図9·2　海域別下水処理人口普及率の推移

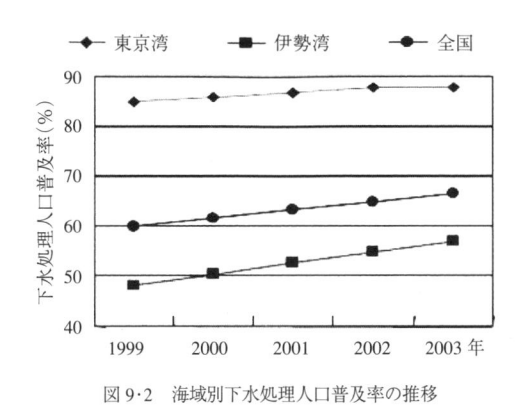

表9·3　域別汚濁負荷量（1999年度値）

	伊勢湾	東京湾	大阪湾
COD（t/日）	221	247	180
窒素（t/日）	143	254	154
リン（t/日）	15.2	21.1	11.9

表9·4　海域別諸元

	伊勢湾	東京湾	大阪湾
水域面積（km^2）	2,342	1,380	1,447
陸域面積（km^2）	16,191	7,597	5,766
平均水深（m）	17	45	30
流域内人口（千人）	10,516	26,296	28,582
家畜頭数（千頭）	718	247	61
山林面積（km^2）	9,998	1,560	2,532
水田面積（km^2）	1,320	600	430

表9·5　赤潮発生件数の推移

年度	伊勢湾	東京湾	大阪湾
2000	35	59	31
2001	40	44	17
2002	47	34	19

が多いことが特徴的である．小規模排水対策は，現在，愛知県，岐阜県で県の条例などとして実施している．今後，伊勢湾流域全体の保全の立場から，より一層の検討，管理施策の策定が必要である．

　国の水質総量規制制度は，1974年以来5次にわたり，化学的酸素要求量（COD）を対象とし，第5次総量規制からは窒素およびリンを新たな対象項目に加え実施されている[*2]．環境省[5]は公共用水域に排出される水の汚濁負荷量について，COD，窒素含有量およびリン含有量のそれぞれについての削減目標量を，2009年度を目標年度として，発生源別，都府県別に定めている．伊勢湾でのCOD，窒素含有量，リン含有量の削減目標量は，それぞれ167，123，9.6（t／日）とされた．汚濁負荷量の削減に関し必要な事項として，下水道，浄化槽などの生活排水処理施設の整備，工場・事業場の実状に応じた総量規制基準の適切な運用，環境保全型農業の推進，家畜排泄物の適正な管理，合流式下水道の改善など，情報発信，普及・啓発など，干潟の保全・再生，底泥除去や覆砂などの底質改善対策の推進があげられている．

[*2]　（http://www.env.go.jp/press/press.php?serial=7712）

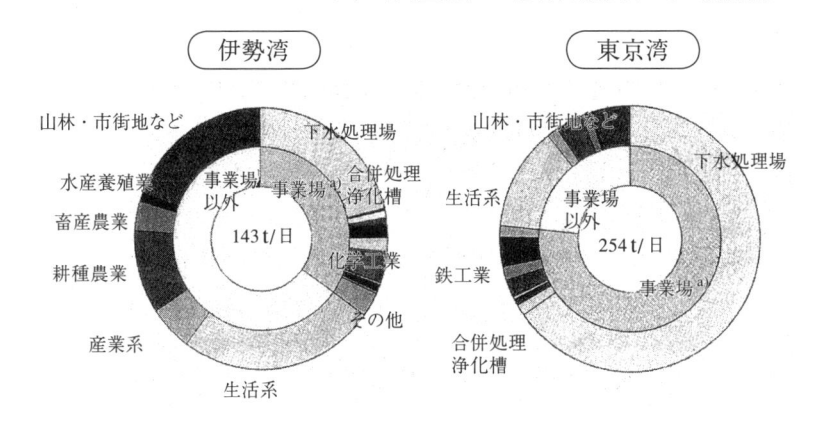

図 9・3　伊勢湾と東京湾への窒素負荷量の内訳

§2. 流域圏環境管理の基本的考え方

　近年環境の管理として，生態系サービスの評価が注目されている．国連環境計画主導のミレニアム・エコシステム・アセスメント (MA) が自然共生概念を意識した研究手法である[6]．水域や湿地のもつ生態系サービスについて整理されているものの，現象を表現する数理モデルの開発が不十分で定量的な流域圏創出技術体系にはまだ至っていない．

　わが国では，総合科学技術会議主導の自然共生型流域圏・都市再生イニシャティブでシナリオ誘導型研究が推進され，理念および水・物質循環モデル，社会対策シナリオ設計が進展してきた．しかしながら，数値模擬モデルの整備が先行されてきたが，水循環・物質循環と生態系の相互作用を理解する総合モデル化までには至っていない．さらに，流域スケールより小さい地域スケール，大きい圏域スケールの持続性を考えるためには，地域スケールの生態系機能を集約するモデルも必要とされている．

　そこで，振興調整費「伊勢湾流域圏の自然共生型環境管理技術開発」（2006～2010年度）では，流域および沿岸域における物質動態と生態系による物質変換の定量的評価を実施することにより，発生負荷処理という観点からの生態系によるサービスの評価の研究を進めている．その際，流域～河川域～河口域～沿岸域と負荷物質が移動する中で，場を生態系構造と機能から類型化し，とくに

上記の生態系サービスの密度が高い場所を抽出してきた．

対象とする物質としては，有機物，栄養塩類，土砂とし，土砂については，栄養塩類などの物質の運搬媒体という視点と，生物の生息場を形成する媒体としての2面から議論する．また，場の類型化に際しては，生物多様性に着目した生息場としての特性に留意し，生物多様性を保全する上でとくに重要な場所についても抽出を行う．これらの視点からの環境の類型化を行い，生態系サービスおよび生物の生息地として重要と考えられる場所の保全・修復により，流域においてどれほどの環境向上が可能なのかについて定量的評価を行う．評価としては，水質項目として現れる効果，生物多様性，漁獲など食物を提供する機能，さらにレクリエーションなどの観点からの評価を軸として行う．また評価の際，流域〜河川域〜河口域〜沿岸域の物理特性（地形や水量など）が生態系サービスに与える影響をできるだけ定量的に評価する．

これらにより得られた知見を基に流域から沿岸域へと至る系を，在来種の保全と同時に低コスト，低資源消費型のシステムとして機能しうるように既存管理施設の最適化運用や，自然再生と連携した環境修復技術の開発を行う．

次に具体的に干潟および塩生湿地で実施している研究について紹介する．

§3. 干潟・湿地生態系の現状とその機能
3・1 河川河口域の生態系構造の把握

調査対象区域は，伊勢湾の櫛田川河口に位置し，河口部と松名瀬漁港に挟まれた区域である（図9・4）．底生生物相は，干潟部では二枚貝が主要種となり，中潮帯から低潮帯にかけてはアサリ，シオフキガイ，低潮帯ではホトトギスガイが多くみられ，潟湖部では巻貝のヘナタリ，カニ類のチゴガニ，コメツキガニの同3種が主要種であった．各植生群落（図9・5）の根圏生物相は，ヨシ帯では巻貝のヘナタリ，フトヘナタリおよびチゴガニ，アイアシ帯ではフトヘナタリ，等脚類のスナホリムシ科，端脚類のハマトビムシ科が多くみられ，底質は類似した環境ながら優占種はやや異なっていた．ハママツナおよびハマボウ帯については，出現種類数および個体数も少ないものの，底質性状の違いによりハママツナ帯ではコメツキガニ，クチバガイ，ハマボウ帯ではフトヘナタリ，カクベンケイガニおよびチゴガニが主要種であった．多様度指数をみると，0.72〜

1.94の範囲とやや小さい値であるものの，各地点を比較すると潟湖部でやや大きい値を示した（図9·6）．類似度指数からは，ヨシ帯と潟湖部，アイアシ帯とハママツナ帯で類似性が高かった．

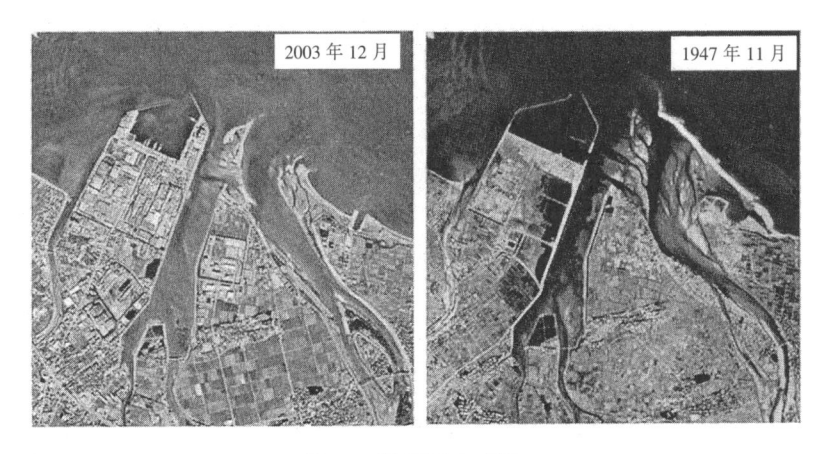

図9·4　櫛田川河口の変遷

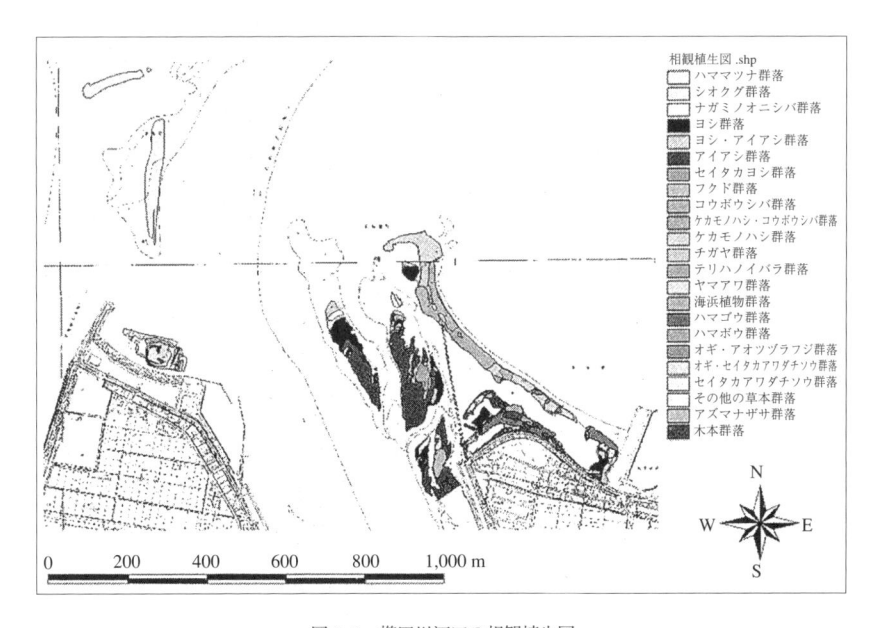

図9·5　櫛田川河口の相観植生図

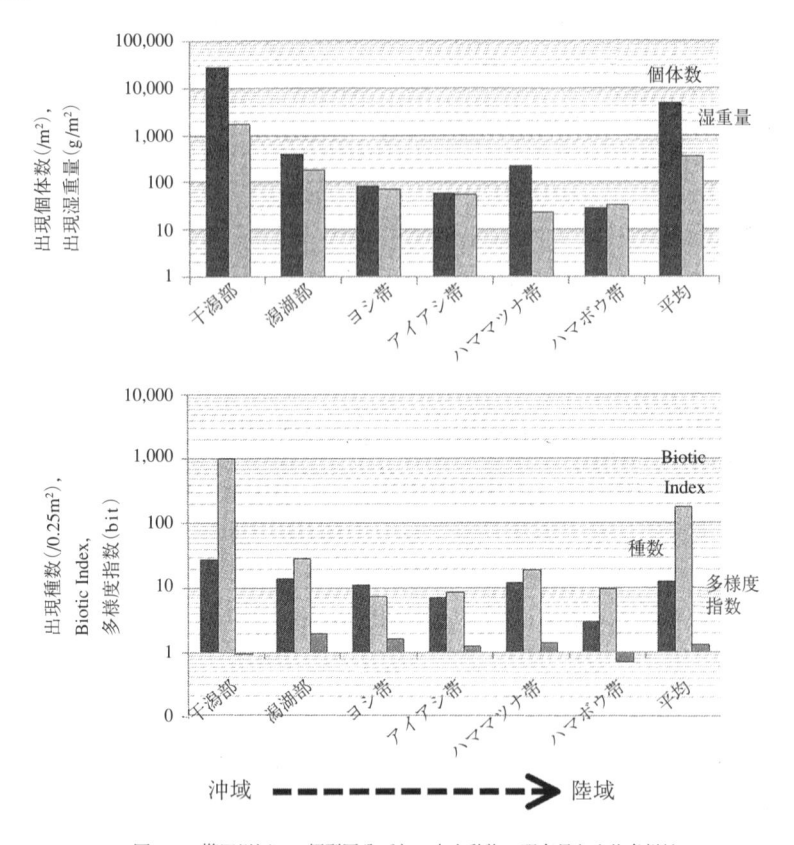

図 9·6　櫛田川河口の類型区分ごとの底生動物の現存量と生物多様性

3·2　河川河口域における干潟・塩生植物群落の生態系構造

沿岸の植生変遷した場所は，土砂堆積・浸食が発生した可能性が高いため，植生変遷のメカニズムを調べるのに適した環境であり，近年の温暖化による海面上昇による影響も危惧されている[7]．過去から現在までの航空写真から植生変遷した場所を把握し，モデル化することはまず重要である．土壌堆積および浸食などの攪乱作用は，様々な形態の植生分布を形成し，それらの植生分布を調査することで，分布形成要因について明らかにできるからである．

まず，塩生植物群落についての先行研究をみてみることにする．東京湾に残された唯一の自然干潟小櫃川河口干潟は，その後背湿地には，シオクグ，ハマ

マツナ，ヨシ，アイアシなどの塩性湿地植物群落が形成されている[8]．干潟に生育する植物について延原[9]は，干潟に形成される植物の帯状分布は土壌中の塩分濃度および微地形による影響を受けていると報告し，大野[10]はシオクグ，ハママツナ，ヨシは満潮時に冠水する低地の泥湿地に生育し，アイアシは満潮時に冠水しにくく，ヨシよりも高い位置に生育するなど，立地環境が潮位変動により棲みわけられていると報告している．小櫃川河口干潟の植生変遷の各景観ユニットの植生変化率により数値で評価した[8]．1974年，1984年，2001年の航空写真を用いて地形変化を調べた結果，1974年から2001年にかけて全体的に冠水域が減少していた．これは，海岸部分の浸食はみられるが，小櫃川河口干潟の後背湿地は全体的に砂の堆積の影響で比高が高くなり，陸域化が進行している可能性が高くそれによって植生遷移が進んだと推察された．将来仮に海面上昇などの大きな変化があるとすると現在とはさらに異なった植生分布になると考えられる[7]．

　生物の生育環境要因として，地盤高の変化，土壌塩分濃度，土壌栄養塩濃度，土壌粒度組成，冠水頻度はとくに重要である．そこでの環境変化により特徴的に形成された植生分布は，他の生物（アサリなどの底生生物）の生息環境や多様性にも影響を及ぼすと考えられる．上記の植生調査結果と地盤測量から植生遷移の予測評価（経験）モデルを作成し，そのモデルを用いて櫛田川河口域の塩性湿地の植生変遷を予測し，他の生物（アサリなど）の生息環境についても予測することを目指し基礎調査を実施した．

　本調査地は，櫛田川河口に位置し，河口部と松名瀬漁港に挟まれた区域である．櫛田川河口突堤より海側では砂質干潟が拡がり，突堤の櫛田川よりはやや地盤高が高く，アイアシ，ヨシおよびハマボウも群生し，やや泥まじり砂の性状の干潟および澪も発達した地点であった．突堤から漁港よりになると潟湖が発達し，底質はやや泥分が多い性状となっていた．陸側ではヨシおよびアイアシ群落が存在した．底生生物相は，干潟部では懸濁物食者である二枚貝が主要種となり，中潮帯から低潮帯にかけてはアサリ，シオフキガイ，低潮帯ではホトトギスガイが多くみられた．潟湖部では，巻貝のヘナタリ，カニ類のチゴガニ，コメツキガニの同3種が主要種であった．チゴガニとコメツキガニの分布域は地盤の高さで明確に異なっていた．

各植生群落の根圏生物相は，ヨシ帯では巻貝のヘナタリ，フトヘナタリおよびチゴガニ，アイアシ帯ではフトヘナタリ，等脚類のスナホリムシ科，端脚類のハマトビムシ科が多くみられ，底質は類似した環境ながら主要種はやや異なっていた．ハママツナおよびハマボウ帯については，出現種類数および個体数も少ないものの，底質性状の違いによりハママツナ帯ではコメツキガニ，クチバガイ，ハマボウ帯ではフトヘナタリ，カクベンケイガニおよびチゴガニが主要種であった．雑食者のスナホリムシ科，ハマトビムシ科およびカクベンケイガニ以外は全て表層堆積物食者である．

多様度指数をみると，0.72～1.94の範囲とやや小さい値であるものの，各地点を比較すると潟湖部でやや大きい値を示した（図9・6）．類似度指数からは，ヨシ帯と潟湖部，アイアシ帯とハママツナ帯で類似性が高かった．根圏環境の地下水の塩分をみると，アイアシ帯とハママツナ帯では他の地点と比較して低塩分の環境であった．

現地調査および過去の地形情報などを基に櫛田川河口域に分布する塩生植物群落の変遷および底生動物存在量を明らかにした．同時に一次生産・分解などの生態系機能を調査し，生態系機能図を作成した．

櫛田川河口域の植生調査による詳細な群落区分図に基づき底生動物相および

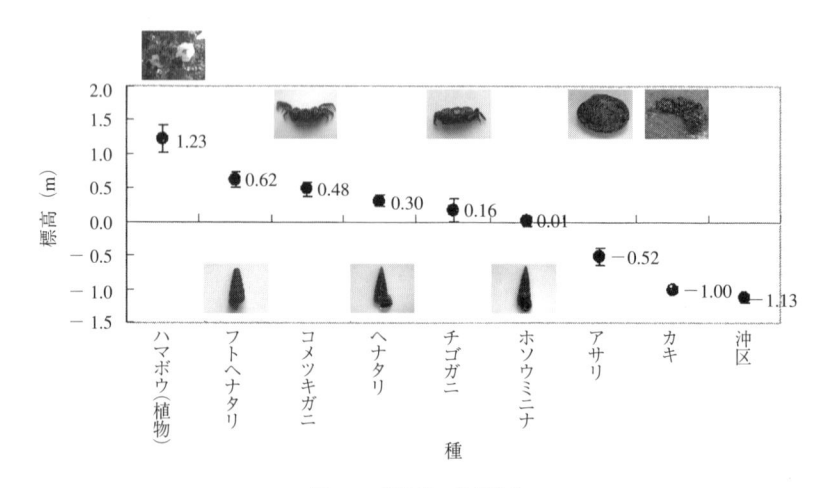

図9・7　優占種の垂直分布

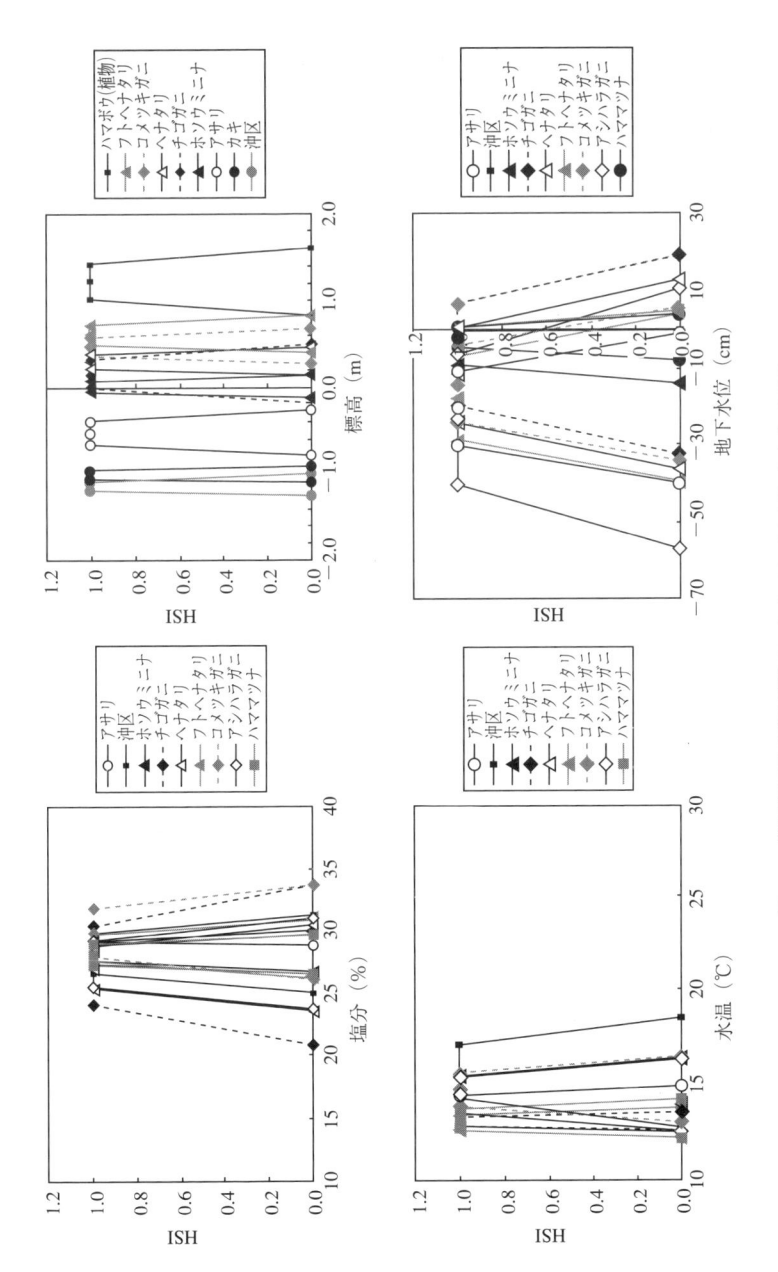

9 章　海域生態系への陸域系環境負荷とその緩和技術　*137*

図 9・8　櫛田川河口の底生動物の HSI（Habitat Suitability Index）モデル

群集構造を明らかにした．主要生物8種（アサリ，ホトトギスガイ，ホソウミニナ，ヘナタリ，フトヘナタリ，コメツキガニ，チゴガニ，アシハラガニ）の主要な生息場所における詳細な生息個体数を把握するとともに，環境因子との関係を検討した．各優占種は地盤高（図9・7）に代表される環境傾度によって生息域がよく特定でき，生息域の評価としてモデル化が可能になった（図9・8）．

3・3 塩生植物群落の生態系機能の評価

植生の生態系機能を利用した環境負荷の緩和が今後政策的に重要である．生物の生育環境要因として，地盤高の変化，土壌塩分濃度，栄養塩濃度，土壌粒度組成，冠水頻度が主に重要であると考えられる[11]．そこで，植生調査結果と地盤測量から植生評価を行い，評価モデルから河口域の塩生湿地の植生変遷および生態系機能の変化の推測を試みた．

酸素不足ストレスに対する耐性の違いは水生植物の分布を決める重要な因子となっており，しばしば水深に沿って帯状分布がみられる[11]．そのため沿岸生態系の重要な機能は植生の種類によって変化する[12]．水生植物の生態系機能の1つに根圏酸化機能があげられる．水生植物の多くは酸素不足ストレスに対応するため，拡散やマスフローによって地下部へ酸素を送っている[13]．送られた酸素は根の呼吸によって消費されるが，その一部は根を介して根圏へと漏出する．根から漏出された酸素は，嫌気的な底質土壌の中でモザイク状に好気的環境を形成し，微生物環境を大きく変える要因となる．水生植物の地下部への酸素輸送能力は植物の種によって異なる．例えば，マスフロー機能が比較的発達しているガマ属では，ヒメガマのほうがガマに比べてマスフロー能力が高いため，水深の深い場所でも生育が可能であると考えられている[14]．根からの酸素漏出速度もヒメガマのほうがガマより比較的高い値を示す[15]．また，ヒメガマは嫌気環境下で根の呼吸曲線を変化させることが知られており[16]，それに応じて根圏土壌へ漏れ出す酸素の量は変化していると考えられる．

河口域での重要な植栽植物ハマボウによる根からの酸素漏出速度を検討した結果，暗条件における根乾重量当たりの酸素漏出速度は，1.01 ± 0.30 nmol O_2/g/min，明条件では 1.25 ± 0.36 nmol O_2/g/min（平均値 ± 標準偏差，標本数10）であった．この値は，ガマ属（*Typha* spp.）について，同じ測定法で得られている結果，$1.5 \sim 3.7$ nmol O_2/g/min[15, 17] に比べるとおよそ半分以下の値であった．

ハマボウ群落は比較的地盤高の高い場所に形成しているため,ガマ属のように常に冠水している状況下にはない.そのため,地下部への酸素供給はそれほど多くなくても地下部の酸素不足に対処できていると考えられた.環境変動の激しい干潟生態系においては,各々の環境下での植物による根圏酸化機能の評価が重要である.

一方,陸と海の移行帯に位置する干潟生態系には陸上生態系から河川を通して種々の物質が供給され,浅海域からも物質が供給されている[4].干潟では海草や海藻類,植物プランクトンおよび底生藻類により光合成が行われ,生産された植物体は動物によって摂食され,植物や動物の遺体や排泄物および陸・海域から供給される有機物質は微生物をはじめとする分解者により分解され,無機化,再利用される.干潟生態系の重要な機能の1つである自然浄化機能は,このような

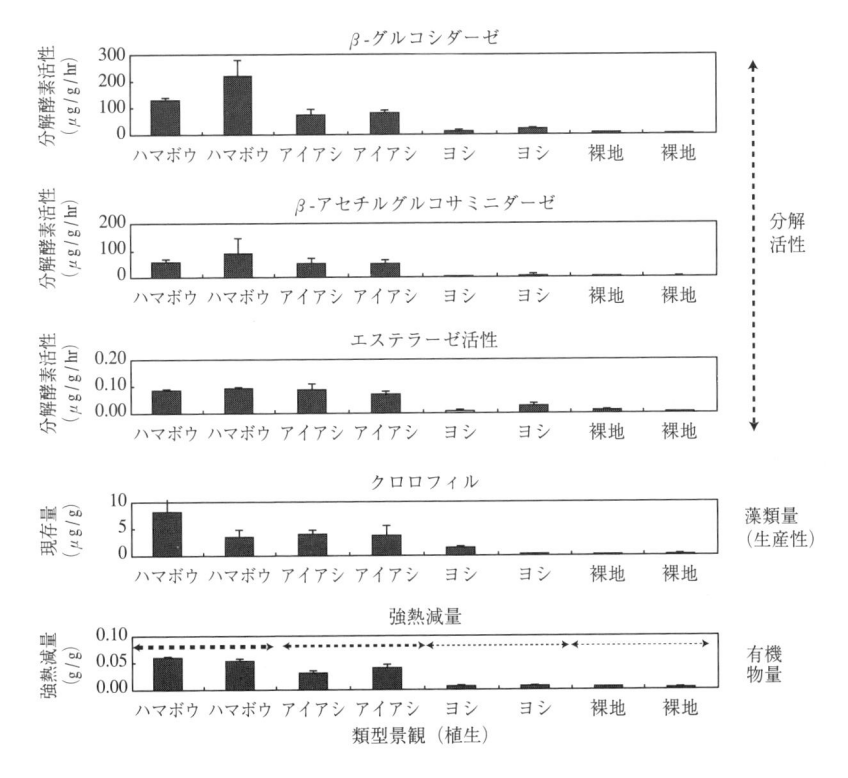

図9・9 類型景観による生態系機能の違い

物質循環の過程の中で行われ，有機物の分解過程は重要な過程である．そこで植物や動物に由来する有機物質の干潟における分解特性を明らかにすることは，干潟の生態系機能を評価する上で極めて重要である[18,19]．

櫛田川河口域に分布する湿地林および塩生植生群落の環境調査を行い，各群落の生育環境と分解活性の評価を行った（図9・9）．ハマボウ群落，アイアシ群落内，ヨシ群落内，干潟内のそれぞれの場所でのセルロース分解の指標であるβ-グルコシダーゼ活性は順に176.2, 78.2, 17.4, 6.6 μg/g/h であった．同様にキチン分解の指標であるβ-アセチルグルコサミニダーゼ活性は各群落で72.1, 50.0, 5.7, 1.8 μg/g/h であった．バイオマスの指標としてエステラーゼ活性をみると，それぞれの群落の活性は0.089, 0.078, 0.018, 0.008 μg/g/h であった．いずれの活性もハマボウ群落，アイアシ群落，ヨシ群落，干潟の順で小さくなっていた．同様に，一次生産の指標であるクロロフィルaや有機物量の指標である強熱損量はいずれもハマボウ群落，アイアシ群落，ヨシ群落，干潟の順で小さくなっていた．それぞれの塩生湿地群落では分解活性が特徴づけられ，景観によって群落の構造を把握できればおおよその分解活性や分解機能などの生態系機能も把握できることがわかった．

Savilら[20]は，都市近郊のラグーンでセルラーゼ活性を（温度37℃の条件下で）測定し（1.5～5.2 μmol/h/g），ラグーン全体で底泥のセルロース浄化能を5,000 kg/h であると見積もった．しかし，これは基質濃度，底泥の攪拌，透水性，潮位差など，干潟の物理的，水文地理学的要因によっても変化すると考えられる[1,21]．したがって，年間を通じての分解機能を見積もるためにはそれらの変動要因を考慮したモデルを作成する必要があり，現地での検証は欠かせないであろう．

§4. 陸域生態系の環境負荷と緩和技術
4・1　浅海域の富栄養化の実態

沿岸海域の栄養塩の分布特性を調べるため，大王崎，石鏡漁港北，五十鈴川・派川河口・二見，五十鈴川・伊勢戦国，宮川・中島2丁目，櫛田川・相可，櫛田川・松世崎，出雲川・高砂，浜垣内，柿木原町，碧川樋門・内，碧川樋門・外，松名瀬・櫛田川河口，松名瀬，松名瀬海水浴場，五ヶ所湾・奥，五ヶ所湾・伊勢路川の各地で沿岸表層の採水を行い，栄養塩の分析を行った．また櫛田川の栄養

塩負荷量の流入経路を推定するため上流の山地渓流から河口までの地点で表層の採水を行い，栄養塩の分析を行った（図9・10）．

とくに流域の農地化などの土地利用変化に伴い陸域からの影響として栄養塩濃度の実態把握は重要である．沿岸海域の伊勢湾外洋部（大王崎，石鏡漁港北）では栄養塩濃度が低く，五十鈴川・櫛田川および雲出川の河口では濃度が高まった．沿岸海域各地での栄養塩濃度に対し河川の濃度は低かった．櫛田川の片野～河口の各地点では硝酸濃度がどの地点も同様に高く片野よりさらに上流に栄養塩負荷の起源があり，その発生源対策が伊勢湾の物質循環にとって重要である．

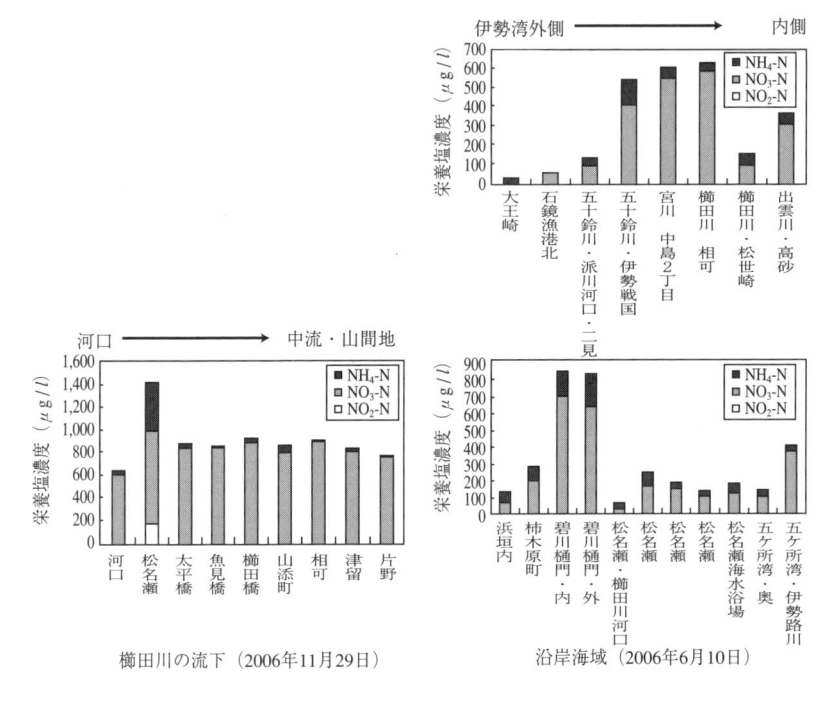

図9・10 伊勢湾における栄養塩類の空間分布

4・2 修復技術評価法としての二枚貝の水質浄化法

上流域での負荷を軽減し湾全体の環境を健康に保つには，沿岸域や浅海域での自然浄化機能も重要な課題である．負荷の削減など環境の改善はなされつつあるが，全国的にみられるアサリなどの生産量の減少傾向はなかなか改善されてい

ない.様々な環境修復,資源回復の試みがされているが,科学的な評価はまだ不十分であり地域ごとの適切な修復技術が定まっていない.そこで,各地域で実施されている修復技術のうち網張り試験と覆砂試験について評価を試みた.

網張り試験法は,流速を減衰させることにより浮遊幼生の着底密度を増加させることはできたが,その後の稚貝の定着と生残には効果の低下を招いた.その原因は海域で強い波浪が発生した際に底質の巻き上がりにより稚貝もまた散逸してしまうことが考えられた[22].今後,稚貝の生残率を上昇させるために底質の移動を防ぐ対策や手法開発が必要と思われた.

覆砂試験においては,粒径の違いによっては成長に差はみられなかったが,生残率では差がみられ,粒径の大きい底質試験で死亡個体が多く出現した(樋渡ら未発表).これは粒径が大きい底質ではアサリが十分に潜砂できないためストレス負荷が増大すると思われたので,今後,生残率を上げるとともに成長を促進する底質の開発が望まれる.

修復技術評価法として,二枚貝の成長モデルと濾過モデルを組み合わせた水質浄化法の有効性が確認されたので,今後,本評価手法を県事業として実施する二枚貝増産に向けた環境修復に適用する予定である.また,本手法の応用として,過去の二枚貝漁獲量と水質環境データから漁獲された二枚貝が成長過程で除去した懸濁態窒素量の推定も可能となり,二枚貝による水質浄化量の変遷をたどることができる.さらに,今後の浅海域の水質改善のための二枚貝による水質浄化量の目標値推定も可能となり,行政に対する貢献も期待できると考えられる.

文　献

1) 国立環境研究所:干潟等湿地生態系の管理に関する国際共同研究(特別研究)報告書.SR-51,国立環境研究所,2003,71pp.
2) 環境庁自然保護局・海中公園センター:第4回自然環境保全基礎調査.海域生物環境調査報告書(干潟・藻場・サンゴ礁調査)第1巻干潟,環境庁,1994,291pp.
3) WWF Japan:日本における干潟海岸とそこに生息する底生生物の現状.WWF Japanサイエンスレポート,第3巻,世界自然保護基金日本委員会,1996,183pp.
4) 矢部 徹・野原精一・宇田川弘勝・佐竹 潔・広木幹也・上野隆平・河地正伸・木幡邦男・渡辺 信・古賀庸憲:干潟生態系のレストレーションに際しての生態系機能評価,ランドスケープ研究,65,286-289(2002).
5) 環境省:化学的酸素要求量,窒素含有量およびりん含有量に係る総量削減基本方針の策定について(平成18年11月20日).
6) Millennium Ecosystem Assessment:国連ミ

レニアムエコシステム評価，生態系サービスと人類の未来，横浜国立大学21世紀COE翻訳委員会訳，オーム社，2007, 241pp.
7) 野原精一・井上智美：干潟と地球温暖化，地球環境，11, 245-254 (2006).
8) 金子是久・矢部徹・野原精一：東京湾小櫃川河口干潟における植生変化と立地条件. 景観生態学，27-32 (2005).
9) 延原肇・宮崎英生・宮本隆・斧山素一：小櫃川河口の塩生地植物群落，千葉県木更津市小櫃川河口干潟の生態学的研究Ⅰ，東邦大学理学部海洋生物学研究室，千葉県生物学会共編, 千葉，1980, pp69-94.
10) 大野啓一：感潮域に分布する塩生植生の生態と立地特性―三浦半島小網代干潟をフィールドとして―，河川整備基金事業 感潮河川の水環境特性に関する研究，河川環境管理財団，1999, pp59-71.
11) 石塚和雄：塩沼地の植生，群落の分布と環境，植物生態学講座1, 朝倉書店，1977, pp263-290.
12) Hirota, M., Senga Y., Seike Y., Nohara S., Kunii H.：Fluxes of carbon dioxide, methane and nitrous oxide in two contrastive fringing zones of coastal lagoon, Lake Nakaumi, Japan. Chemosphere, **68**, 597-603 (2007).
13) Armstrong W.：A re-examination of the functional significance of aerenchyma. *Physiol Plant*, **27**, 172–177 (1972).
14) Inoue, M. T. and Tsuchiya T.：Growth strategy of an emergent macrophyte, *Typha orientalis* Presl in comparison with *Typha latifolia* L. and *Typha angustifolia* L. *Limnology*, **7**, 171-174 (2006).

15) Inoue, M.T. and T. Tsuchiya：Interspecific differences in radial oxygen loss from the roots of three *Typha* species, *Limnology*, **9**, 172-177 (2008).
16) Matsui, T. and Tsuchiya T.：A method to estimate practical radial oxygen loss of wetland plant roots, *Plant and Soil*, **279**, 119-128 (2006).
17) Matsui, T. and T. Tsuchiya：Root aerobic respiration and growth characteristics of three *Typha* species in response to hypoxia, *Ecol. Res.*, **21**, 470-475 (2006).
18) 広木幹也・矢部徹・野原精一・宇田川弘勝・佐竹潔・古賀庸憲・上野隆平・河地正伸・渡辺信：加水分解酵素活性を用いた日本各地の干潟底泥の有機物分解機能評価. 陸水学雑誌，**64**, 113-120 (2003).
19) 広木幹也：酵素活性から見た干潟生態系の分解機能評価，海洋と生物，**159**, 337-342 (2005).
20) Savil N., Cherqui, A., Tagliapietra, D., and Coletti-Previero, M-A.：Immobilized enzymatic activity in the Venice lagoon sediment. *Water Res.*, **28**, 77-84 (1994).
21) Hiroki, M., S. Nohara, K. Hanabishi, H. Utagawa, T. Yabe, K. Satake：Enzymatic evaluation of decomposition in mosaic landscapes of a tidal flat ecosystem, *Wetlands* **27**, 399-405 (2007).
22) 樋渡武彦・森鐘一・東博紀・村上正吾・出口一郎・木幡邦男：網張り試験による流速減衰と二枚貝浮遊幼生着底促進効果について，環境工学研究論文集，**44**, 555-561 (2007).

10章 河川の物質動態，生物生産機構および自然共生型流域圏管理

戸田祐嗣[*]・辻本哲郎[*]

　気圏・水圏・地圏・生物圏から構成される地球環境の中で，人間が生活する地圏表面を通り大気からの降雨を海洋へと運搬する河川は，人間の活動域と地理的に近接しており，その影響を受けやすい水域といえる．とりわけ人口の約半分が沖積平野に集中するわが国では，水害から人命や資産を守ることや水資源の有効な利用は古くから極めて重要な課題であり，治水・利水を目的とした河川事業が精力的に行われてきた．これらの治水・利水事業は，国民生活の安全面あるいは経済面での向上に大きな成果を上げてきた反面，河川生物の生息場としての河川環境に深刻な影響を及ぼしており，かつては普通に見られた生物が絶滅危惧種に指定されるなどの事態を招いている．

　河川の流れは地形や河床材料の特性を決定するとともに，有機物や栄養塩などの生態系の基礎物質を輸送する．それら生態系の基礎物質は，植物の一次生産活動や食物連鎖に伴う生物間のエネルギーの流れの中に取り込まれ，河川生態系を築き上げる（図 10・1）．このように，流れ場の水理現象，生態系の基礎となる有機物や栄養塩の輸送特性および生物一次生産といった要素は，河川の環境基盤を構成するものであり，その特性を解明することは河川生態系の中でのエネルギーの流れを把握する糸口を与えるものと期待される．

　また一方で，陸域への降雨から始まり海洋へと続く流域圏での水・物質循環の中で，河川は陸と海をつなぐ主要な経路の1つである．アサリ資源に代表される海域の水産資源の動態にも，陸域からの物質負荷特性は大きく関与している．21世紀のキーワードの1つである持続可能性も，健全な水・物質循環の上に成り立つものであり，そういった観点から，流域圏の水・物質循環の中で河川が果たす役割を明らかにしていく必要がある．

　本章では河川の水・物質動態とその生態系への取り込み口である生物一次生

---

[*] 名古屋大学大学院工学研究科

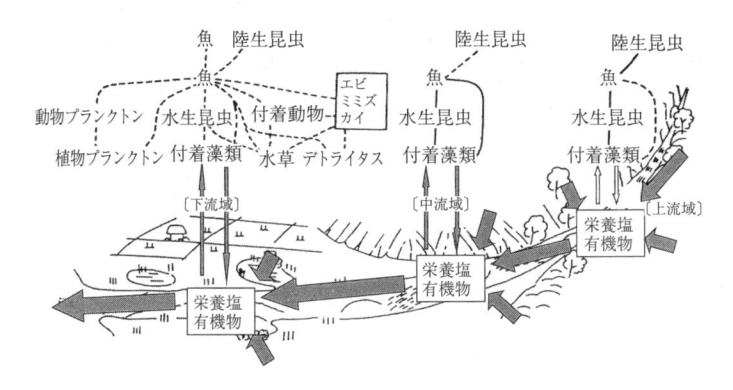

図10・1 河川の物質輸送と河川生態系
水野・御勢[1]を改編,矢印は栄養塩・有機物の流れ.

産について,最近の研究事例を中心に紹介する.また,河川を含めた流域圏での総合的な環境管理に向けた自然共生型流域圏管理技術開発[2,3]の概要を紹介する.

§1. 河川の水・物質動態と生物生産機構
1・1 河川生態系のエネルギーの流れ ―河川連続体仮説[4]

河川における生物活動と有機物を介したエネルギーの流れとしてVannoteら[4]が提案した河川連続体仮説が知られており,そこでは河川上・中・下流域における有機物の供給源と底生生物の関係が述べられている(図10・2).河川上流域では,川幅が狭く渓畔林により河川水上空が覆われている場合が多いため,日射の大部分は渓畔林に遮断され,水面を投下し河川水中に供給される日射量が少ない.そのため,上流域における主な有機物(エネルギー)源は渓畔林からのリター(落葉)であり,河川水内にはリターを破砕して捕食できるタイプの底生生物(シュレッダー)が卓越する.河川中流域になると,上流域より川幅が広くなり河川水面に日射が到達するようになる.また,中流域ではまだ水深はあまり大きくないので,水面から入射した日射は河床へと到達し,河床付着藻類による有機物生産が活発になる.そのため,中流域では付着藻類を剥ぎ取って捕食できるタイプの底生生物(グレイザー)が多くなる.下流域では,川幅の増加とともに水深・濁度も増加し,水面から入射した日射は河床へは到達し

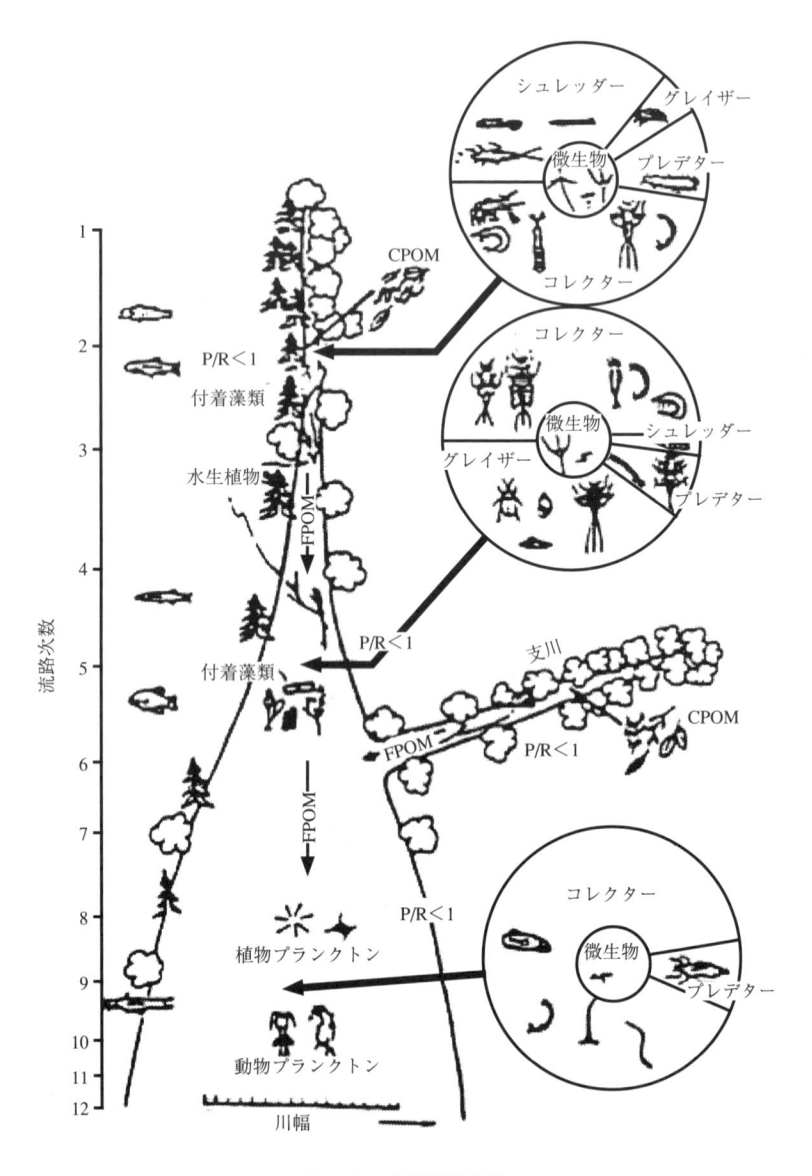

図 10·2 河川連続体仮説
Vannote ら[4] を改編

にくくなる.そのため,河川水中での有機物生産は小さくなり,上・中流域で生産され流下してきた流下有機物が主な有機物源となり,流下・堆積した有機物を捕食できるタイプの底生生物(コレクター)が卓越するようになる.

　河川連続体仮説は河川生態系での有機物の流れとそれによる水生生物の生息環境を,上下流方向の有機物生産構造の違いから説明するものであり,河川生態系の特性を大局的に理解するために重要な概念である.河川域・海域での定量的な物質・生物動態の把握と環境管理を行っていくためには,河川連続体仮説で述べられているような物質と生物生息の関係を定量的に明らかにする必要があり,そのような観点から河川での物質輸送や生物生産に関する研究が行われるようになってきている.以下の節では,河川の物質輸送と生物生産の定量把握に向けた試みの例として,平水時の砂河川における付着藻類の繁茂動態と洪水時の河川の栄養塩輸送特性について述べる.

1・2　平水時の河川の生物生産機構 ―砂河川付着藻類を例として

　河川水中での一次生産活動を担う藻類は,その生息形態によって,固体表面に付着して生息する付着藻類と水中に浮遊して生息する植物プランクトンに大別される.一般に,付着藻類が生育するためには,付着基盤での河床まで日射が到達し,かつ藻類の付着基盤が流れの中で安定して存在する必要があるため,水深の浅い礫河川では付着藻類の繁茂が生じる.下流域の水深が比較的大きな砂河川では,前節の河川連続体仮説で紹介したとおり,河床に到達する日射量が少なく,付着藻類による一次生産は小さいといわれている.一方で,流域に農業地帯などを有する河川では,灌漑などの目的で河川水の取水が行われている.取水量の大きな砂河川では平水時の河川流量が取水により減少し,その結果として水深と河床材料の移動性が低下するため,本来では付着藻類が生息しにくい砂床区間においても付着藻類が繁茂することが報告[5,6]されている(図10・3).ここでは,利水による取水量の大きな砂河川を対象として,河床付着藻類による生物生産特性について述べる.

　図10・4は固定砂面上での付着藻類繁茂量の時間変化を示したものである[5].夏季,冬季ともに,固定砂面設置から徐々に藻類量が増加していく様子がみられる.夏季と冬季を比較すると,夏季のほうが藻類量が大きくなる傾向がみられ,光合成活動が活発であることがわかる.一般に生物の増殖は,増殖の初期

図 10・3 砂河川に繁茂する付着藻類

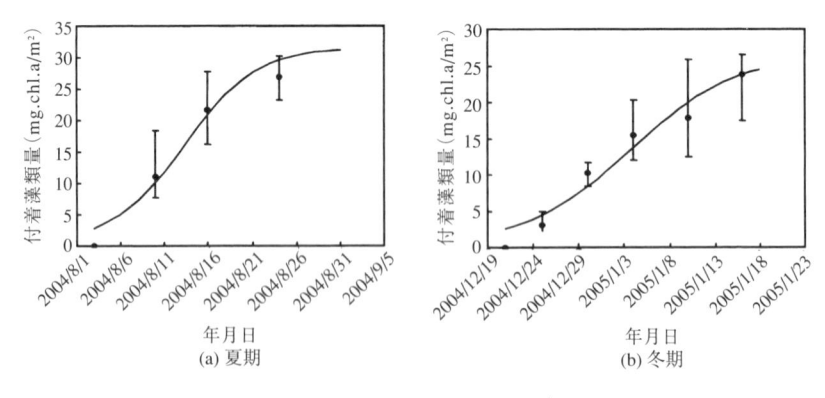

図 10・4 固定砂面上の藻類の増殖[5]
図中の縦棒は同観測日のデータのばらつき範囲を示す.

(a) 夏期
(b) 冬期

に指数的に増加し，その後，資源の制約などにより増殖が低下することが知られている．そのような生物量の増殖過程の大局的特徴を表現するモデルとして，以下で表されるロジスティック方程式が知られている．

$$\frac{dM}{dt}=\mu M\left(1-\frac{M}{K}\right) \tag{1}$$

ここに，M：生物量（本研究の場合，単位面積当たりの付着藻類量）（mg/m^2），

t：時間（日），μ：比増殖速度（/日），K：環境容量（mg/m^2）である．ロジスティック曲線は，3つのパラメータ（比増殖速度 μ，環境容量 K，初期値 M_0）の値を定めることにより確定することができる．図 10・4 中には，観測された藻類量にロジスティック曲線を最小自乗法によりフィッティングした結果を実線で示している．異なる粒径の砂面上での同様の調査においても，粒径による系統的な違いはみられないことが報告[3]されており，砂河川における付着藻類の繁茂について，砂の移動が生じない場合には，河床粒径の違いによる増殖過程の違いはないものと考えられる．

上記のように，砂河床表面においても，砂の移動が生じなければ藻類が繁茂

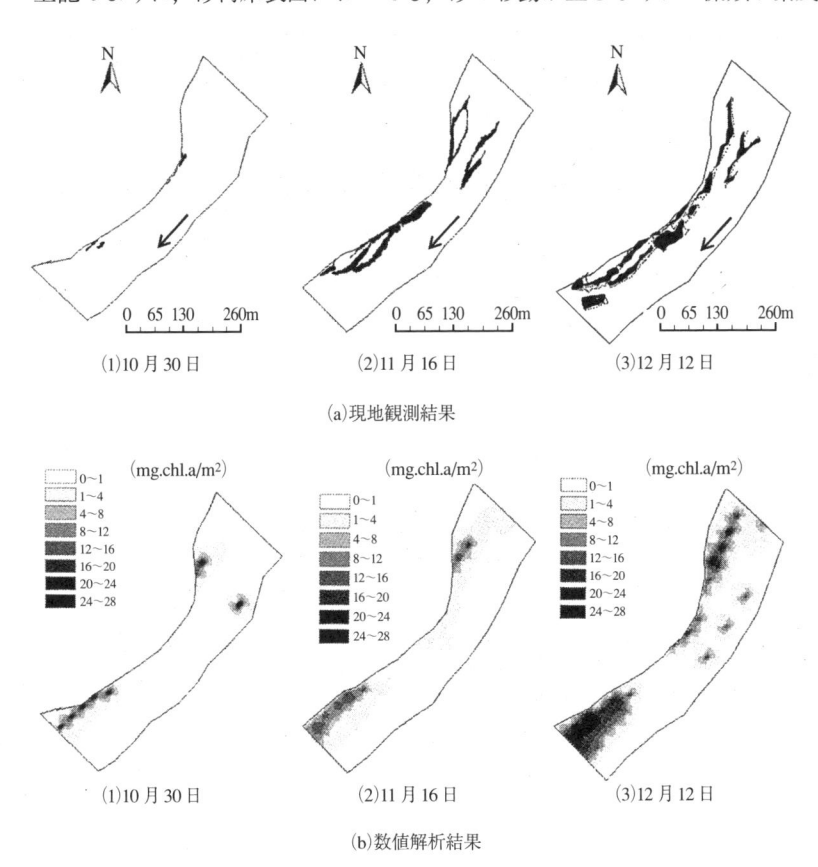

(a) 現地観測結果

(1) 10 月 30 日　　(2) 11 月 16 日　　(3) 12 月 12 日

(b) 数値解析結果

(1) 10 月 30 日　　(2) 11 月 16 日　　(3) 12 月 12 日

図 10・5　付着藻類の繁茂領域に関する計算と実測の比較[6]

することが確認されている．このことから，河床の砂が移動しない場所・期間を流れ場の解析から推定し，その期間について藻類の増殖解析を行うことによって，実際の砂河川での藻類繁茂量・藻類分布が予測できることが期待される．ここでは，一般曲線座標系による非定常2次元流れ場の解析に，付着藻類動態を組み込んだモデルを用いて砂河川での付着藻類繁茂予測を行った結果について述べる[6]．

対象河川の流量，地形データを用いた流れ場の解析から河床材料の移動を判定し，河床材料が移動している期間は藻類量を0とし，河床材料が移動していない場合は，ロジスティック方程式により藻類量を予測する．このようにして得られた河床付着藻類の空間分布の解析例を図10·5に示す．図より観測と計算で藻類量の分布傾向はおおむね一致しており，数値解析により砂河川での付着藻類分布を予測できることが確認される．

開発されたモデルを用いて，人為的に河川流量をコントロールした場合（河床材料の砂が移動する攪乱流量の再起間隔を変化させた場合）の付着藻類平均現存量，藻類一次生産量の変化を図10·6に示す．図より，藻類平均現存量は攪乱流量の再起間隔が長くなるほど大きくなり，藻類一次生産量は再起間隔が8〜16日程度でピークをとることがわかる．砂河川における藻類一次生産量が大きくなることは，藻類の剥離による海域への粒状態有機物の負荷が増加することを意味しており，河川流量の変化が海域への粒状態有機物負荷量に影響を与えることがわかる．

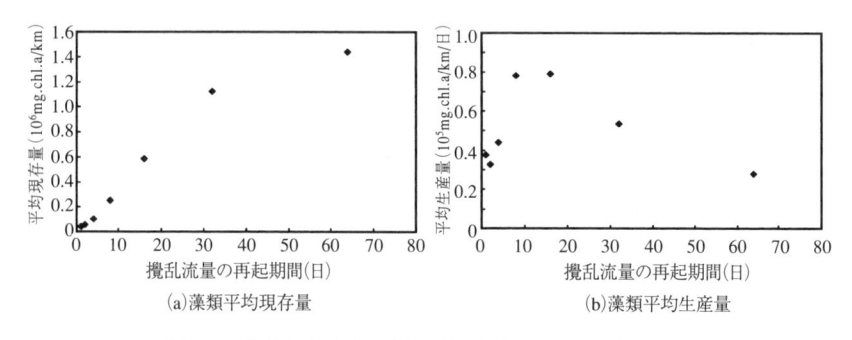

図10·6 攪乱流量の頻度と藻類平均現存量および藻類平均生産量

1・3 洪水時の栄養塩輸送

洪水時の栄養塩輸送の特性は，溶存態と粒子態といった栄養塩の形態によって異なってくる．溶存態の栄養塩濃度については，洪水期間中に変化するものの，その範囲はせいぜい1オーダーレベルの範囲での変化であるのに対して，粒子態の栄養塩濃度は，洪水期間中に100倍，1,000倍といった範囲で変化する．UKの河川での栄養塩負荷に関する報告[7,8]によると，河川からの年間リン負荷量の26〜75％が粒子態リンとして洪水時に輸送されているものと報告されている．このように洪水時の栄養塩輸送においては粒子態栄養塩の輸送量が極めて大きくなるという特徴がある．

洪水期間中の粒子態栄養塩濃度は，懸濁態物質濃度との相関性が高いことが知られており，洪水時には懸濁態物質とともに粒子態の有機物，栄養塩が輸送されていることが示されている[9,10]．またこれらの研究から，河川流量と濁度の計測に基づく粒子態栄養塩負荷量の推定式が提案されている．流量計測は国内の多くの河川で行われており，濁度の計測は，懸濁態物質濃度や栄養塩濃度の計測に比べるとかなり負担が少ない．濁度と栄養塩濃度の関係は，基本的には各流域の土地利用や土砂・栄養塩の生産源の特性と関係するため，負荷量推定式はそれぞれの河川で立てなくてはならないが，多くの河川においてこのような推定式が立てられることは，流域全体としての栄養塩動態の解明や，河川につながる水域に対する物質負荷を評価するのに極めて有用であると思われる．また近年では，懸濁態物質の粒径に着目した負荷特性[11]や洪水期間中の懸濁態物質中の栄養塩組成の変化[12]などについても調査が行われ，濁質の物理的性質（サイズ）と栄養塩負荷の関係や，洪水波形と負荷特性の関係などについても実証的知見が蓄積されつつある．

洪水流は，氾濫原と河川の間での土砂・物質の交換を引き起こすため，氾濫原の土壌環境に影響を与える．ここでは，洪水時の流れが氾濫原土壌の栄養塩環境に与える影響について述べることとする．図10・7は，多摩川中流部（東京都青梅市，河口より58〜59 km地点）における1999年の洪水前後の高水敷土壌の粒度分布を示している[13]．観測対象域の高水敷土壌の50％粒径は，0.1〜50 mm程度の広い範囲に分布しており，空間的に表層土壌の粒径が大きく変化していることがわかる．洪水前後の粒度分布を比較すると，全体的に1 mm以

下の細粒分が減少しており，1999年の洪水流によって，高水敷表層土壌中から小さな粒径の成分が流出したことがわかる．図10・8に，高水敷土壌の粒径別の強熱減量，粒子態窒素，粒子態リン含有率を示す．図より粒径が小さくなるほど，有機物，栄養塩の含有率が高くなっていることがわかる．図10・9には，洪水前後における単位面積高水敷土壌中の粒子態リン量，粒子態窒素量を示す．洪水前後を比較すると，おおむねの地点において，高水敷土壌中の栄養塩が減少していることがわかる．このことは，1999年の出水では，高水敷土壌から細かな粒径成分の土砂が流出したこと，細かな粒径成分の土砂は粗い成分の土砂と比較して多くの栄養塩を含有していることより，結果として高水敷土壌中の栄養塩量が減少したものと判断される．

これらの観測は，河川高水敷の土砂輸送を細粒土砂と栄養塩の相関性に着目して，洪水が高水敷栄養塩環境に与える影響をみたものである．しかし，洪水

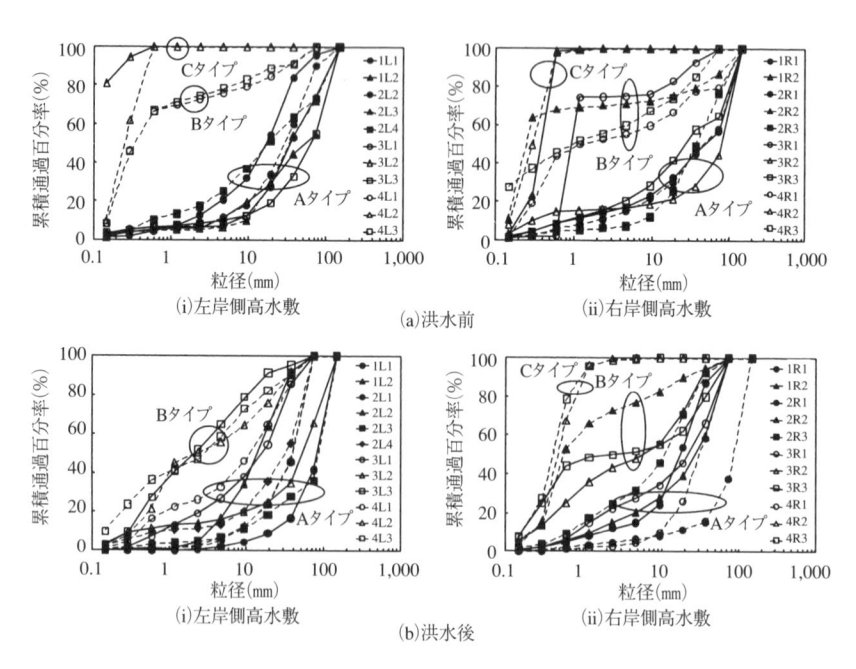

図10・7　洪水前後の高水敷土壌粒径の変化[13]
図中の凡例は土壌粒径の測定地点を示す．詳しくは戸田ら[13]を参照．

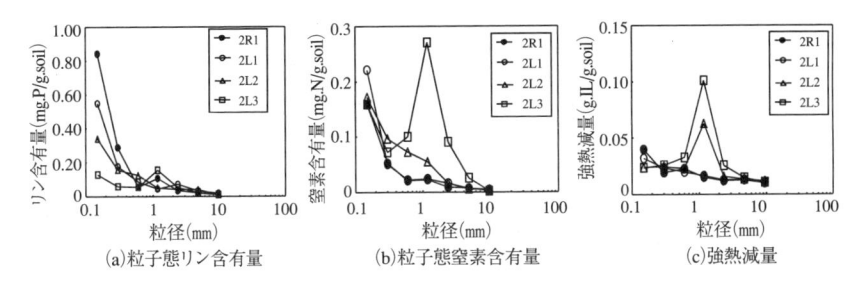

10章 河川の物質動態，生物生産機構および自然共生型流域圏管理 153

(a) 粒子態リン含有量

(b) 粒子態窒素含有量

(c) 強熱減量

図 10・8 粒径別物質含有量 [13)
図中の凡例は粒径別物質量の測定地点を示す．詳しくは戸田ら [13) を参照．

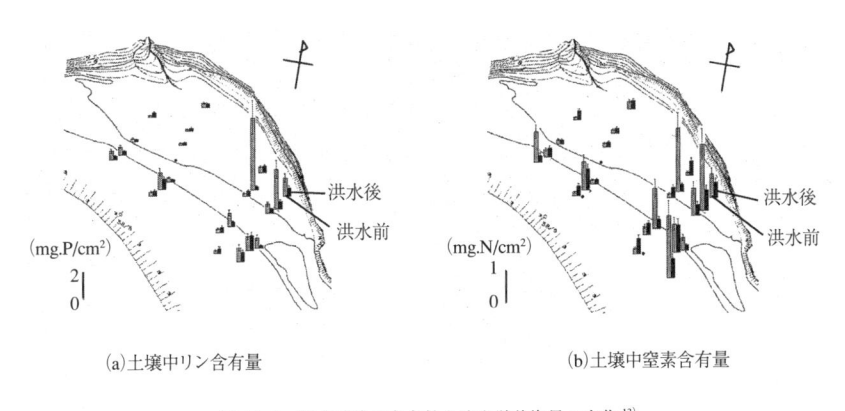

(a) 土壌中リン含有量

(b) 土壌中窒素含有量

図 10・9 洪水前後の高水敷土壌中栄養塩量の変化 [13)

の影響は洪水自体の特性によって大きく変化することが予測される．例えば，比較的大きな洪水が生じた場合には，洪水時の流れによって，高水敷の植物や土砂が流送され，土壌中の有機物や栄養塩が減少することが予測され，一方，逆に比較的小さな出水が生じた場合には，地形や植生の効果によって，高水敷土壌中に栄養塩を豊富に含む細粒土砂の堆積が生じ，高水敷土壌中栄養塩量が増加することが予測される（図10・10）．

このような観点から，洪水のピーク流量を変化させ流れと細粒土砂輸送に関する数値計算を実施し，その結果に観測で得られた微細土砂中の栄養塩含有率を乗ずることより，洪水規模による高水敷土壌中の栄養塩の増減に関して検討が行われている [14)．図10・11に異なるピーク流量の洪水に対する洪水前後の単

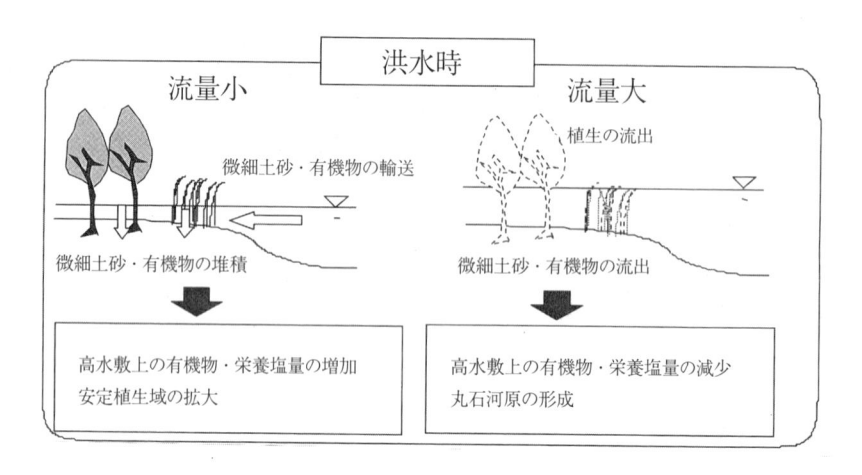

```
        洪水時
流量小              流量大
                   植生の流出
微細土砂・有機物の輸送
微細土砂・有機物の堆積    微細土砂・有機物の流出

高水敷上の有機物・栄養塩量の増加    高水敷上の有機物・栄養塩量の減少
安定植生域の拡大              丸石河原の形成
```

図 10・10 洪水規模による高水敷土壌栄養塩環境の変化

位面積土壌中の窒素量の増減を示す．最大流量が 400 m³/s では，右岸側高水敷の一部で栄養塩量の増加が生じている．このことは，右岸側高水敷は，左岸側と比較して，冠水時の流速が小さく，低水路内から運ばれた浮遊砂が堆積したためである．一方，洪水のピーク流量が 500 m³/s 程度になると，右岸側高水敷上でも冠水時の流速が大きくなり，その結果，栄養塩を多く含有する粒径の小さな堆積土砂が流出し，土壌中の栄養塩量が減少する．以上の結果より，研究対象とした河川では，洪水時の最大流量が 500 m³/s を上回ると，高水敷全体にわたり栄養塩量の減少が生じることがわかる．この高水敷の栄養塩量の増減を分ける洪水規模は調査対象地では確率年 2 年程度の出水に相当する．

赤松[15]は河川の下流部の氾濫原における土壌中栄養塩の環境について，沖縄県石垣島の名蔵川マングローブ水域を対象として，同様の数値計算を実施しており，対象河川における確率年で 10 年規模の出水時の場合においても，マングローブ水域に微細土砂とリンが供給されていることを報告している．

河川中流域に位置する礫床河川では，確率年で 2 年程度を境に，それより大きな出水があると高水敷の栄養塩量が減少したのに対して，下流域のマングローブ水域では確率年 10 年程度の出水でも以前，氾濫原で微細土砂と栄養塩の堆積が生じている．このように，河川の上・下流を比較すると，河川下流域のほうが，

10 章　河川の物質動態，生物生産機構および自然共生型流域圏管理　155

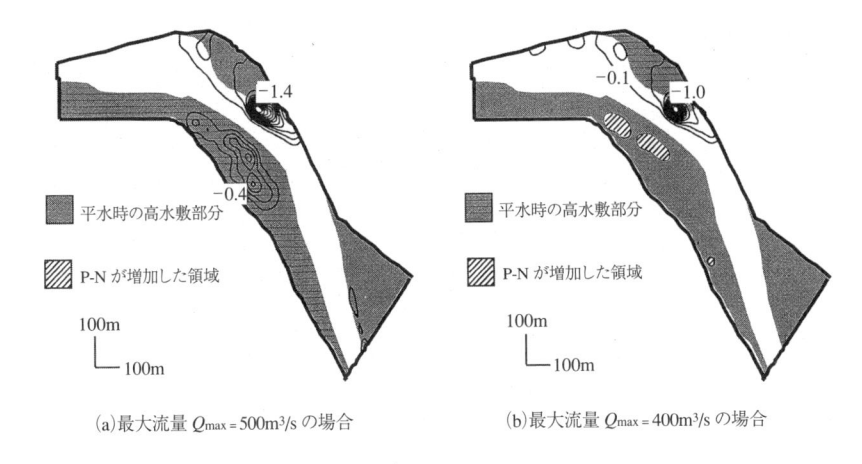

(a) 最大流量 $Q_{max}=500m^3/s$ の場合　　(b) 最大流量 $Q_{max}=400m^3/s$ の場合

図 10·11　ピーク流量が異なる洪水時の高水敷土壌中栄養塩量の変化
Toda ら[14] を編集．

氾濫原の土壌栄養塩量の増減を分ける洪水規模が大きいことを示しており，同じ規模の洪水が生じた場合には，上・中流域の氾濫原は栄養塩のソースとして機能し，下流域はシンクとして機能することとなる．近年では，国内の多くの礫床河川において，高水敷への細粒土砂の堆積とハリエンジュに代表される樹林の生息域拡大が報告されているが，これを河川の上・下流の栄養塩動態の観点からみると，中流域の礫床河川でさえ，氾濫原が栄養塩のシンクとして機能する頻度が上昇したものといえ，中流域の氾濫原が下流域のそれに近い状態へと変化しつつあることを示唆している．

このような洪水による氾濫原の栄養塩環境形成については，洪水のピーク流量以外にも様々な要素の影響を受けることが示唆される．例えば，洪水全期間を通しての全流下流量が等しい場合でも，短時間に鋭いピークをもつ洪水波形が流下したのか，ピーク流量は小さいが長時間増水期が続く洪水波形が流下したかでも，高水敷への栄養塩輸送の特性は変化してくるものと思われる．単純に考えると，洪水のピーク流量の抑制は高水敷への微細土砂と栄養塩の堆積を促進するものと考えられるが，このような洪水波形の変化に対する応答については，まだ十分な検討が行われておらず，今後の課題である．

§2. 自然共生型流域圏環境管理技術開発について

　以上述べたような河川中での水・物質輸送特性や生物生産機構は，海域への物質負荷特性に影響を与える．河川以外にも森林，農地，都市域といった様々な陸域のプロセスが，水循環に駆動される流域での物質フローに沿って海域への物質負荷特性に影響を与える．このような水循環に駆動される流域圏を社会の持続性について議論していく上での管理単位と考えた場合，最重要課題と考えられるのは，流域で人間活動の結果として負荷増加あるいは減少させられた各種物質が，水系を通じて最終的に沿岸域へと供給されるシステムをどのように維持管理していくのかの設計である．従来，経済活動に伴う環境負荷の処理は，エネルギー投入型の解決がとられてきた．このため，自然環境がもついわゆる浄化機能はほとんど省みられず，経済活動に伴う土地改変が生じる際も，特定の生物保護の観点以外では影響評価が十分に行われてきたとはいいがたい．その結果，良好な環境を維持するためには，絶えずエネルギーや資源を投入する必要が生じてきた．人口増加，経済活動の活発化が期待できた右肩上がりの時代においては，産業活動の促進が基本的な国家的目標であり，このような形の社会構造であっても，経済成長により解決可能と考えられてきた．しかし現在，社会が安定期に入り，人口は横ばいまたは減少，経済活動については国家主導型から個人消費に重心が移動していくことが予想されている．地球環境の持続性問題の視点からも，化石エネルギーや資源消費を低減する必要があり，このような種々の制約条件下で社会の持続性を担保するためには，自然共生型社会への移行が必要と考えられる．

　このような自然共生型社会の実現に向けて，自然環境がもつ物質循環機能や生態系機能を最大限活用することで，人間が周辺環境に与える影響を可能な限り軽減するとともに，この機能を提供している生態系を持続的に維持できる流域を形成していくための技術開発を目的とした研究プロジェクトが実施されている[14]．そこでは，生態系サービスの概念が導入され，流域圏における各種生態系サービスの評価，個別の環境修復技術の開発を行うとともに，これらの成果を利用して政策ツールとしての環境影響評価モデルの構築が進められている．海域での生態系サービスの評価に際しては，アサリ資源の確保は重要な生態系サービスの一項目であり，資源確保に向けた様々な海域環境修復施策が評価さ

れることとなる．さらに，流域圏全体としての持続可能性を評価するために，各種の生態系サービス評価値から化石燃料消費の代替効果が算出され，エネルギー的視点から流域圏持続性を診断する技術体系の開発が行われている（図10·12）．これらは現在進行中のプロジェクトであり，詳しくはプロジェクトHP（伊勢湾流域圏の自然共生型環境管理技術開発プロジェクト事務局HP：http://www.errp.jp/）を参照されたい．

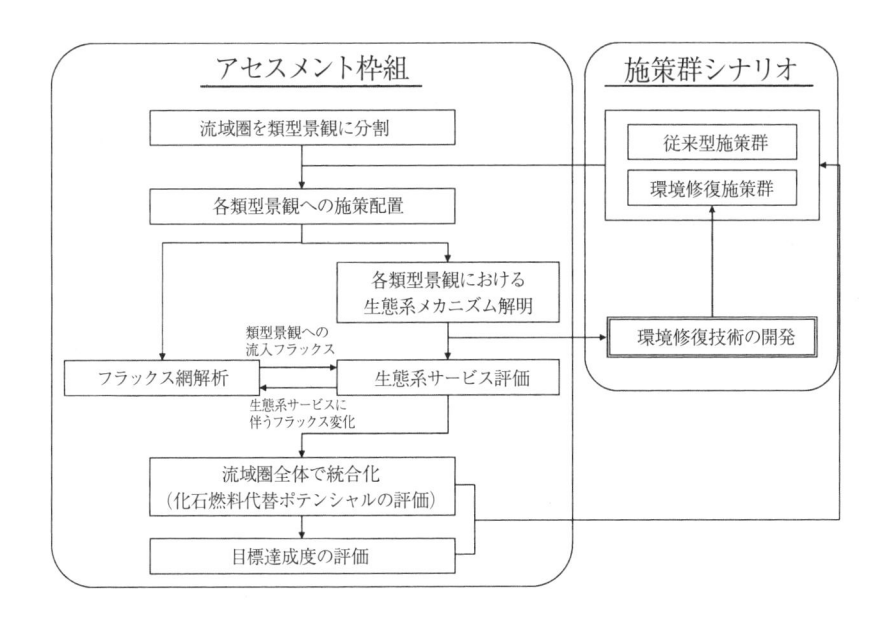

図10·12　自然共生型流域圏環境アセスメント技術

文　献

1) 水野信彦・御勢久右衛門：河川の生態学（補訂・新装版），築地書店，1993，183pp.
2) 辻本哲郎・戸田祐嗣・尾花まき子：自然共生型流域圏環境アセスメントの評価枠組みの構築，第36回環境システム研究発表会講演集，271-276（2008）．
3) T. Tsujimoto, Y. Toda, and M. Obana: Assessment framework of eco-compatible management of river basin complex around a bay, Adv. Hydr-sci.Eng., 8, (CD-ROM), (2008).
4) R. L. Vannote, G. W. Minshall, K. W. Cummins, J. R. Sedell, and C. E. Cushing: The river continuum concept, Can. J. Fish. Aquat. Sci., 37, 130-137 (1980).
5) 戸田祐嗣・辻本哲郎・藤森憲臣：取水量の

大きな砂河川における河床付着藻類の繁茂について，河川技術論文集, 11, 541-546 (2005).
6) 戸田祐嗣・多田隈由紀・辻本哲郎：砂河川における付着藻類の空間分布に関する研究，水工学論文集, 51, 1213-1218 (2007).
7) D. E. Walling, M. A. Russel and B. W. Webb: Controls on the nutrient content of suspended sediment transported by British rivers, *Sci. Total Environ.*, 266, 113-123 (2001).
8) D. E. Walling, B. W. Webb, and M. A. Russell: Sediment-associated nutrient transport in UK rivers. Freshwater contaminantion, Int. Assoc. Hydrol. Sci. Publ. 243, 69-81 (1997).
9) 村上泰啓・中津川誠・高田賢一：沙流川における洪水時の負荷量観測とダムへの水環境の影響について，河川技術論文集, 9, 511-515 (2003).
10) 山本浩一・二村貴幸・坂野 章・日下部隆昭・末次忠司・横山勝英：濁度計による懸濁態栄養塩負荷推定に関する研究，河川技術論文集, 9, 515-560 (2003).
11) 児玉真史・田中勝久・澤田知希・都築 基・柳澤豊重：河川水中におけるコロイドリンの動態，水工学論文集, 48, 1513-1518 (2004).
12) S. Pilailar, T. Sakamaki, Y. Hara, N. Izumi, H. Tanaka, and O. Nihimura: Effects of hydrologic fluctuations on the transport of fine particulate organic matter in the Nanakita river, *Ann. J. Hydraul. Eng.*, 48, 1519-1524 (2004).
13) 戸田祐嗣・池田駿介・浅野 健・熊谷兼太郎：礫床河川における出水前後の高水敷土壌の変化に関する現地観測，河川技術に関する論文集, 6, .71-76 (2000).
14) Y. Toda, S. Ikeda, K. Kumagai, and T. Asano: Effects of flood flow on flood plain soil and riparian vegetation in a gravel river, *J. Hydraul. Eng.*, ASCE, 131, 950-960 (2005).
15) 赤松良久：マングローブ水域の水理と物質循環，学位論文，東京工業大学, 104-131 (2003).

索　引

〈あ行〉
青潮　71
赤潮　71, 101, 112
浅場　123
アサリ　36, 53, 116
　　――漁獲量　39, 43
　　――漁業　26
　　――資源全国協議会　61
　　――種苗　38
アマモ場　10
網掛け　63
網張り試験　142
有明海　39
安定同位体　125
伊勢　21
　　――湾　9
イソシジミ　53
一次生産　144
遺伝的攪乱　38
埋め立て　80
　　――面積　42
栄養塩　144
餌資源　125
SS　103
エスチュアリー循環　108, 110
N：P比　106
L-Q曲線　79
沿岸域　127
塩性植物群落　134
鉛直分布　48
塩分　13, 115
大型個体　53
汚濁負荷量　130
帯状分布　135

〈か行〉
回帰量　44
解糖系　87, 88
外套腔液　89, 95
回遊経路　19

化学的酸素要求量（COD）　14
殻頂期幼生　48
攪乱流量　150
河口汽水域　115
河口干潟　55
河川連続体仮説　145
河川最少維持流量　108
河川負荷　102
河川流量　101
加入量　39
Canonical Correspondence Analysis　123
環境攪乱　57
環境修復技術　132
環境保全　115
環境容量　149
完窺幼生　45
key factor indices　42
汽水域　57
季節変動　12
供給源　48
強熱減量　152
漁獲圧　44
漁獲方法　26
漁獲量　9, 14
漁業　16
　　――・養殖業生産統計年報　61
　　――用水　112
漁場管理　30
駆動的要因　39
クロロフィル　14
　　――a濃度　112
　　――a量　76
桑名　19
群集構造　138
経営体数　14
景観生態学　127
経年変化　12
経年変動　39
限界シールズ数　65
限界摩擦速度　64

嫌気代謝　87
懸濁態窒素　104
懸濁態有機物　71
懸濁態リン　104
懸濁物食性　74
県内漁獲量　26
高水敷土壌　152
後背湿地　135
個体群動態　40, 52
コハク酸　88, 89
コホート　53

〈さ行〉
再起間隔　150
再生産力　31
細粒土砂　152
境川　75
柵立て　63
砂漣　63
砂浪　63
3次元物質循環モデル　109
酸素消費速度定数　72
酸素飽和度　95
酸素漏出速度　138
産卵時期　38
産卵量　32
シールズ数　64
自然再生事業　115
自然浄化機能　139
遮断効果　68
シャットネラ　94
遮蔽・露出効果　65
初期生活史　45
食害　31
植生変遷　134
餌料環境　32
水温　13
水管　56
水質　12
　──総量規制　130
水文地形学　127
数値シミュレーションモデル　108
鈴鹿　21

生活史　16
生態系機能　131
生態系機能図　136
生態系構造　131
生態系サービス　131
生態系モデル　72
成長段階　55
生物多様性　132
生物的ネットワーク　32
掃流移動　63
足糸　68
　──線　51
粗数係数　64

〈た行〉
大規模出水時　105
滞留量　44
ダム　108
多様度指数　132
稚貝　18, 53
　──放流　23
地区別漁獲量　27
窒素負荷量　129
窒素・リン負荷　103
着底時期　51
着底稚貝　18, 53
着底場所　51
着底量　39
潮間帯　58
長期的経年変化　43
ツメタガイ　22
DO濃度　110
D型幼生　48
底質　117
底生個体　36
定着　51
適正な基礎生産量　32
テレメーター　94
東海豪雨　103
透明度　14
豊川　75, 116

〈な行〉
内湾漁場環境の悪化　30
苦潮　116
二枚貝　9
粘液糸　51

〈は行〉
発生源対策　141
半数致死時間　89
氾濫原　151
干潟　10
　――・浅海域　107
微小振幅波理論　63
比増殖速度　149
微地形　135
貧酸素　87
　――影響域からの避難　99
　――水塊　23, 30, 71, 101, 112, 123
　――水塊の侵入阻止　99
　――水塊の発生阻止　99
　――対策　97
　――耐性　87
負荷削減　110
深場　123
覆砂　63
　――試験　142
敷設材　68
付着藻類　145
浮泥　107
浮遊移動　63
浮遊期間　46
浮遊幼生　17, 18, 32, 36
　――の生残率　44
プロピオン酸　88, 89
分解活性　140
分解特性　140
分散　46
平均殻長　18
ペディベリジャー幼生　45, 51
変態・着底　45
変動機構　56
ホトトギスガイ　22, 53

〈ま行〉
摩擦速度　63
マスフロー　138
松阪　21
三河湾　26
密度　18
　――依存的な関係　57
　――効果　57
　――推定　40
無酸素　89, 95

〈や行〉
矢作川　75, 102
ヤマトシジミ　116
有機懸濁物　125
有機酸　88, 95
有機物　144
　――生産構造　147
　――沈降フラックス　77
輸送　46
幼生加入過程　36
溶存酸素（DO）　13, 116
　――の連続観測　94
溶存態窒素　104
溶存態無機窒素（DIN）　14
溶存態無機リン（DIP）　14
溶存態リン　104
四日市　21

〈ら行〉
リアルタイムモニタリング　94
リター　145
流域管理　127
硫化水素　92, 93
粒子態栄養塩　151
粒子態窒素　152
粒子態リン　152
粒状態有機物　150
流動解析モデル　72
粒度分布　151
類似度指数　133
レッドフィールド比　106
ロジスティック方程式　148

本書の基礎になったシンポジウム

平成20年度日本水産学会春季大会
「アサリ資源の増殖を目指した流域圏の環境管理」
企画責任者　生田和正・日向野純也（水研セ養殖研）・桑原久実（水研セ水工研）・
　　　　　　辻本哲郎（名大院工）

開会の挨拶　　　　　　　　　　　　　　　　　　　　　　　生田和正（水研セ養殖研）

I．アサリ資源の現状と沿岸海域の環境　　　　　　　座長　桑原久実（水研セ水工研）
　　1．アサリ資源研究の新しい視点：幼生加入過程　　　　関口秀夫（三重大生物資源）
　　2．三河湾のアサリ資源の現状と河川の影響　　　　　　岡本俊治（愛知水試）
　　3．伊勢湾のアサリ資源と漁場環境　　　　　　　　　　水野知巳（三重科技セ水産）
　　4．貧酸素の発生機構に関する数値解析　　　　　　　　中田喜三郎（東海大）
　　5．河川の負荷変動が沿岸環境に及ぼす影響　　　　　　児玉真史（水研セ中央水研）

II．アサリ資源増殖と漁場環境回復の課題と取り組み　座長　生田和正（水研セ養殖研）
　　1．底質の安定性からみた好適アサリ生息場環境　　　　桑原久実（水研セ水工研）
　　2．貧酸素の問題と対策の方向性　　　　　　　　　　　日向野純也（水研セ養殖研）
　　3．三河湾の環境修復に向けた取り組み　　　　　　　　石田基雄（愛知水試）
　　4．アサリ漁場改善の試み　　　　　　　　　　　　　　丸山拓也（三重科技セ水産）

III．流域圏の管理に関する研究の現状　　　　　　　座長　日向野純也（水研セ養殖研）
　　1．自然共生型流域圏管理ビジョンへの統合　　　　　　辻本哲郎（名大院工）
　　2．河口汽水域における流況と貝類生息環境　　　　　　天野邦彦（土木研）
　　3．海域生態系への陸域系環境負荷とその緩和技術　　　野原精一（国環研）
　　4．河川の水・物質動態と生物生産機構　　　　　　　　戸田祐嗣（名大院工）

IV．総合討論　　　　　　　　　　　　　　　　　　　座長　辻本哲郎（名大院工）
　　　　　　　　　　　　　　　　　　　　　　　　　　　　関口秀夫（三重大生物資源）
　　　　　　　　　　　　　　　　　　　　　　　　　　　　桑原久実（水研セ水工研）
　　　　　　　　　　　　　　　　　　　　　　　　　　　　日向野純也（水研セ養殖研）
　　　　　　　　　　　　　　　　　　　　　　　　　　　　生田和正（水研セ養殖研）

閉会の挨拶　　　　　　　　　　　　　　　　　　　　　　　日向野純也（水研セ養殖研）

出版委員

稲田博史　岡田　茂　金庭正樹　木村郁夫
里見正隆　佐野光彦　鈴木直樹　瀬川　進
田川正朋　埜澤尚範　深見公雄

水産学シリーズ〔161〕　　　　定価はカバーに表示

アサリと流域圏環境
りゅういきけんかんきょう
－伊勢湾・三河湾での事例を中心として

Asari Clams and River Basin Environment
– mainly focusing on the case of Ise Bay and Mikawa Bay –

平成21年4月1日発行

編　者
　生田和正（いくたかずまさ）
　日向野純也（ひがのじゅんや）
　桑原久実（くわはらひさみ）
　辻本哲郎（つじもとてつろう）

監　修　社団法人 日本水産学会
〒108-8477　東京都港区港南 4-5-7
　　　　　　東京海洋大学内

発行所
〒160-0008
東京都新宿区三栄町8
株式会社 恒星社厚生閣
Tel 03 (3359) 7371
Fax 03 (3359) 7375

© 日本水産学会, 2009.　印刷・製本　シナノ

好評発売中

水産学シリーズ157
森川海のつながりと河口・沿岸域の生物生産
山下 洋・田中 克 編
A5判・154頁・定価3,045円

陸域，海洋，河川の自然環境の回復はそれぞれ切り離して考えることは出来ない．相互に連関しているからだ．本書はこの連環構造を科学的に解明し環境保全の施策を打ち出す上での貴重なデータ・考察を提供．口絵で陸域と河川・海洋の関係が一目でわかるイラストを配置，また巻末に重要事項の解説を付した．環境保全に関わる人の必携書．

水産学シリーズ156
閉鎖性海域の環境再生
山本民次・古谷 研 編
A5判・166頁・定価2,940円

水質改善のみならず生物の生息環境保全を実現することが閉鎖性海域においては重要な課題となる．東京湾，大阪湾，広島湾など全国9閉鎖性海域を取り上げ，それぞれ進められている再生の取り組みの現状と検証を簡潔に纏め，今後の再生の方向性を多角的に提起．Ⅰ部総論で水圏の物質循環と食物連鎖の関係など基礎的な事柄を解説．

環境配慮・地域特性を生かした
干潟造成法
中村 充・石川公敏 編
B5判・146頁・定価3,150円

生命の宝庫である干潟は年々消失し，「持続的な環境」を構築していく上で，重大問題となっている．そこで今，様々な形で干潟造成事業が進められているが，環境への配慮という点からはまだ不十分だ．本書は，基本的な干潟の機能・役割・構造を解説し，その後環境に配慮した造成企画の立て方，造成の進め方を，実際の事例を挙げ解説．

瀬戸内海を里海に
瀬戸内海研究会議 編
B5判・118頁・定価2,415円

自然再生のための単なる技術論やシステム論ではなく，人と海との新しい共生の仕方を探り，「自然を保全しながら利用する，楽しみながら地元の海を再構築していく」という視点から，瀬戸内海の再生の方途を包括的に提示する．豊穣な瀬戸内海を実現するための核心点を簡潔に纏めた本書は，自然再生を実現していく上でのよき参考書．

有明海の生態系再生をめざして
日本海洋学会 編
B5判・224頁・定価3,990円

諫早湾締め切り・埋立は有明海の生態系にいかなる影響を及ぼしたか．干拓事業と環境悪化との因果関係，漁業生産との関係を長年の調査データを基礎に明らかにし，再生案を纏める．本書に収められたデータならびに調査方法等は今後の干拓事業を考える際の参考になる．各章に要旨を設け，関心のある章から読んで頂けるようにした．

定価は消費税5％を含む

恒星社厚生閣